スマリヤンの決定不能の論理パズル
ゲーデルの定理と様相理論

レイモンド・スマリヤン 著　田中朋之／長尾 確 訳

FOREVER UNDECIDED　A Puzzle Guide to Gödel
Raymond Smullyan

白揚社

Raymond Smullyan
FOREVER UNDECIDED

Copyright © 1987 by Raymond Smullyan

Japanese translation rights arranged with
Alfred A. Knopf, Inc.
through The English Agency (Japan) Ltd.

自分の整合性を永遠に知ることができない、
すべての整合な推論者に本書を捧げる。

目次

はじめに 7

I　意外な展開⁉
　　第1章　悪魔のパズル 11
　　第2章　びっくり仰天？ 16

II　偽と真の論理学
　　第3章　国勢調査員 23
　　第4章　ウーナを探して 30
　　第5章　惑星間錯綜 35

III　騎士・奇人・命題論理
　　第6章　命題論理を少々 45
　　第7章　騎士・奇人・命題論理 55
　　第8章　論理的閉包と整合性 61

IV　慎重にいこう
　　第9章　パラドックス？ 73
　　第10章　問題はより深く 84

V　整合性のジレンマ
　　第11章　自分自身について推論する論理学者 95
　　第12章　整合性のジレンマ 107
　　第13章　ゲーデル的システム 115
　　第14章　さらに整合性のジレンマについて 120

VI	自己充足信念と レーブの定理	第15章　自己充足信念　131 第16章　ラージャのダイヤモンド　143 第17章　レーブの島　150
VII	さらなる深みへ	第18章　G型の推論者　161 第19章　謙虚さ、反射性、そして安定性　172
VIII	決められない！	第20章　永遠に決められない　183 第21章　さらに決定不可能性について　191
IX	可能世界	第22章　必ずしもそうじゃない！　201 第23章　可能世界　208 第24章　必然性から証明可能性へ　214
X	事件の核心	第25章　ゲーデル化された宇宙　221 第26章　驚異の論理機械　230 第27章　様相システムの自己適用　241
XI	フィナーレ	第28章　様相システム、機械、 　　　　　そして推論者　251 第29章　おかしな推論者たち　258 第30章　全篇をふり返って　267

*

訳者あとがき　273　　　索引　277

はじめに

　理性的にものを考えられる推論者が、自分の整合性(論理的に一貫していること)を確信しようとすると、その過程で不整合になってしまう——そんなことがありうるだろうか、というのが本書の大きなテーマである。これはゲーデルの有名な発見(いわゆる第2不完全性定理)をもとにしている。算術ができるほど強力で整合性をもつ数理システムは、けっして自分自身の整合性を証明することができない、という定理である。

　ゲーデル(Kurt Gödel)の議論の舞台を、数理システムとその中で証明できる命題から人間の世界とその中で信じることのできる命題へと移したのには、いくつか理由がある。1つは、人間と信念をめぐる議論の方が、抽象的な数理システムより専門外の人にとってはるかに親しみやすく、そのためゲーデルの思想の核心を誰にでもわかるような言葉で説明できることだ。また、人間をめぐる話にきりかえると大きな心理的効果が生まれ、急成長を続ける人工知能研究との深い関係も明らかにすることができる。

　私が以前に書いた何冊かのパズルの本と同じように、この本もまず、嘘をつく人と本当のことだけ言う人(奇人と騎士)についてのたくさんのパズルから始まっている。

　これらの問題(ほとんどすべてがはじめて発表するものだが)は目新しいだけでなく、それらに混ざって記号論理学の基礎(幸いにも今日これは多くの学校で教えられている)や、また、騎士一奇人パズルのさまざまな類似問題を解くための応用法をも解説していく。(この部分は、論理学のパズルを用いて数学の授業を楽しく進めていこうと考える高校や大学の先生にとっても、興味深いにちがいない。)したがって、この部分をしっかりと理解する苦労は、章

が進みゲーデルの深遠な成果が明らかになるにつれて必ず報われることだろう。

本書の後半でのテーマは(これも人工知能との関連が深いが)**自己充足信念**[self-fulfilling beliefs、信じることそれ自体によって真となるような信念]の問題である。

どのような場合に、ある命題を信じただけで、それが真となりうるのか？（宗教と関係があるだろうか？）これに関しては、論理学者M. H. レーブ(M. H. Löb)の重要な定理がある。ゲーデルの定理にも関連するこの定理は、推論者とその信念という形に変形することで、一般の読者にも十分理解可能なものになる。

私がもっとも力点をおいたのは信念システムについてだが、本書の内容はけっしてこれだけにとどまるものではない。本書を読み進むにつれて、読者は信念システムと数理システムとがいかに密接に関係しているかを理解していくことだろう。そして、われわれはライプニッツが考案し、今世紀に至って論理学者ソール・クリプキ(Saul Kripke)が完成した**可能世界意味論**へと導かれていく。この分野は今日、コンピュータ・サイエンスや人工知能研究の中でも大きな役割を果たしている。

私は本書の内容について、優秀な高校生の前で講演したこともあるし、数学、哲学、コンピュータ・サイエンスの博士たちの前で講演したこともあるが、どの場合も熱心に聞き入ってくれて反応は満足のいくものだった。まったくの初心者でも、数学や科学が得意な人ならば本書を完全にマスターできるだろうし（もちろんかなりの努力が必要だが）、また専門家でもはじめて出会う新鮮な話題をいくつも見いだすはずだ。

論理学、哲学、心理学、人工知能研究、コンピュータ・サイエンス、数学が今日、お互いにどれほど接近しつつあるかについては驚くべきものがある。われわれが生きているのは、そんな胸躍る時代なのだ。

　　　　　　　　　　　　　　　　　ニューヨーク、エルカ・パーク
　　　1986年7月
　　　　　　　　　　　　　　　　　　　　レイモンド・スマリヤン

I 意外な展開!?

第1章　悪魔のパズル

　今まで考案されたパズルの中で、もっとも悪魔的で残忍なものかもしれないと私が思っているものをご紹介しよう。（本当にそうなら、発明者の栄誉は喜んで私が受けることにしたい。）
　AとBの2人がそれぞれ以下の提案をする。どちらの提案の方がよいか、というのが問題である。

Aの提案　何か言ってみてください。もしそれが本当なら、ちょうど10ドルさしあげます。もしそれがまちがっていれば、10ドル以下か10ドル以上のお金をさしあげましょう。しかし、この場合ちょうど10ドルさしあげることはありません。

Bの提案　何か言ってみてください。それが本当かまちがっているかにかかわらず、あなたに10ドル以上のお金をさしあげます。

　あなたならどちらの提案をとりますか？　ほとんどの人はBの提案を選ぶはずだ。なぜなら、Bの提案では10ドル以上もらえるのがはっきりと保証されているのに対して、Aの提案ではその保証がないからである。なるほどBの方が一見よさそうに思えるが、この「一見よさそう」というのがクセモ

ノである。なんなら、私も提案をしてみよう。——読者の中の誰かが私にAの提案をもちかけてくれるなら、事前に20ドルお払いしよう。さあ、この提案にのる人はいるかな？（おっと！ とびつくのは本章の終わりまで読んでからでも遅くないのでは？）

　このパズルの解答を述べる前に、まず同類の少しやさしいパズルをいくつか見てみよう。

　私の前著 TO MOCK A MOCKINGBIRD で紹介したパズルだ。賞品1と賞品2の2つの賞品があって、あなたは何かを口にすることになっている。もしあなたの言ったことが本当なら、私は2つのうち（どちらかはわからないが）片方の賞品をあなたにあげることにする。もしまちがったことを言えば、どちらもあげない。たとえば「1＋1＝2」と言えば、どちらかの賞品が確保できるのは明らか。ところが、あなたはどうしても賞品1がほしいとする。賞品1を確実に手に入れるには、何と言えばよいだろう？

　私の答は、次のようなものである。——「あなたは私に賞品2をくれないでしょう。」もしあなたの言ったことがまちがっていると仮定すると、私は賞品2をあげる、ということになる。ところが、まちがったことを言えばどちらの賞品もあげられないのだから、この仮定はまちがっていて、あなたはまちがっていない、つまり正しいことを言ったことになる。正しいことを言ったのだから、あなたの言うとおり、私は賞品2をあげることはできない。しかし、あなたが正しいことを言った以上、私は約束に従って片方の賞品をあげなければいけない。そして、それは賞品2ではない以上、賞品1になる！

　このあとすぐ明らかにするように、このパズルは有名なゲーデルの不完全性定理と深い関係がある。その関係を理解するために、よく似たパズル（といっても本当は同じものなのだけれど）を考えてみよう。まず、（本書で重要な役割を果たしている）「**騎士と奇人の島**」へ行くことにする。この島の住人はすべて騎士か奇人で、騎士は本当のことしか言わず、奇人はまちがったことしか言わない。

　島には社交クラブが2つある。クラブⅠとクラブⅡだ。クラブに入るのが許されているのは騎士だけで、奇人はどちらからも閉め出されている。また、

すべての騎士はどちらか一方のクラブにだけ属している。ある日、この島を訪れたあなたはこの島の未知の住人が言ったことから、彼がクラブIの会員であることを推理できたとしよう。その人は何を言ったのだろう？

彼が言ったのはこうである――「私はクラブIIの会員ではない。」もし彼が奇人なら、彼は本当にクラブIIの会員にはなれないから、本当のことを言ったことになる。しかし、奇人は本当のことは言えないのだから、彼は騎士にちがいない。すると彼の言ったことは正しいので、彼は本当にクラブIIの会員ではない。しかし、騎士である彼はどちらかのクラブには入っているはずだから、クラブIの会員である。

前のパズルとの対応は明らかだろう――クラブIは正しいことを述べて賞品1をもらう人に、クラブIIは正しいことを述べて賞品2をもらう人に、それぞれ対応している。

これらのパズルは、ある数理システムの中でそのシステム自体の正しさを証明することは不可能であると主張する、ゲーデルの有名な命題の背後にある本質的な考え方を具体化したものである。数理システムの中のすべての正しい命題を、(ちょうど上のパズルでの騎士のように)2つのグループに分けたとしよう。グループIには、正しいが証明することはできない命題が入り、グループIIには、正しく、証明もできるものが入る。ゲーデルは「自分はグループIIに入っていない」と主張する命題を作ってみせたのである。結局、その命題は「このシステム内において私は証明不可能だ」と主張している。もしその命題がまちがっていれば、そのシステムにおいて証明可能なことになるが、これはありえない(なぜなら、証明可能な命題はすべて真だから)。したがってその命題は真であり、また命題がいうとおり証明不可能である。このようにして、ゲーデルの命題は正しいが、そのシステム内では証明できないのである。

ゲーデル命題についてはだんだんと述べていくことにして、今は賞品のパズルの類似問題について考えていこう。

1. 類似パズルその1

前と同じように賞品1と賞品2の2つの賞品があって、今度は、あなたが

正しいことを言えば私は2つのうちの片方、または両方をあげることにする。まちがったことを言えば、私はどちらもあげない。さて、欲張りのあなたが両方の賞品を手に入れるためには、何と言えばよいだろうか？（とくに注意がないかぎり、解答は各章末に示してある。）

2. 類似パズルその2

今度はルールがちょっと違う。正しいことを言うと賞品2が手に入り、まちがったことを言うと手に入らない。（賞品1についてはわからない。）何と言えば賞品1が手に入るか？

3. へそ曲がり類似パズル

今度のはちょっとへそが曲がっている。まちがったことを言うと片方の賞品が手に入り、正しいことを言うと何も手に入らない。何と言えば賞品1が手に入るか？

4. ふたたび悪魔のパズル

さて、この章の冒頭のパズルにもう一度戻ろう。悪魔のように残忍なのは、Aの提案をもちかけてくれるなら事前に20ドルお払いしようと言った私の提案のことだ。なぜなら、私はそれにとびついた人から私の好きなだけの金額（たとえば100万ドルでも）をまきあげることができるからである。その方法がどういうものか、もうおわかりだろうか？

解答

1. こう言えばうまくいく。「私は両方の賞品をもらうか、またはどちらももらえないかのどちらかでしょう。」もしそれがまちがっていれば、あなたはどちらか片方の商品をもらうことになるが、まちがったことを言えば賞品はもらえないはずだから、これはおかしい。したがって、あなたは正しいことを言ったはずで、この場合あなたは本当に両方の賞品をもらうか、またはどちらももらえないか、である。正しいことに対してどちらももらえないということはありえないはずなので、結局、あなたは両方とももらえることになる。

2.「私にはどちらの賞品も手に入らない」と言えばよい。もしあなたが正しければ、一方では（あなたの言うとおり）どちらも手に入らないし、他方では、正しいことを言った以上賞品2が手に入ることになる。これは矛盾である。したがって、あなたの言ったことはまちがっている。つまり、あなたは賞品を手に入れるが、まちがったことを言った場合、賞品2は手に入らないので、手に入るのは賞品1である。

3.　この場合、「私は賞品2を手に入れる」と言えばよい。証明は読者への課題とする。

4.　私はこう言うだけでよい。「あなたは私にちょうど10ドルも、またはちょうど100万ドルもどちらも払わないだろう。」もしこれが正しければ、あなたは10ドルも100万ドルも払わずにすむが、約束では、正しいことを言えば私にちょうど10ドルくれることになっている。これは矛盾である。したがって、私の言ったことはまちがいでなければならない。つまり、あなたは10ドルか100万ドル、私に払うはめになる。しかし、まちがったことを言うと10ドルぴったりには払わない約束なので、100万ドル払わなければならない。

　さて、まだこの提案にのる人はいるだろうか？

第2章　びっくり仰天？

　今度は「抜きうち試験のパラドックス」を見てみよう。これも本書のゲーデルに関する考察に大いに関係がある。そのパラドックスとはこうだ。月曜日の朝に教授が学生に向かって言うには、「今週中に抜きうち試験をします。今日かもしれないし、明日、水曜日、木曜日、金曜日のどれかかもしれない。でも試験当日の朝になっても、君たちにはその日に試験があることがわからないでしょう。」

　これを聞いた論理学専攻のある学生は考えた。「明らかに最後の金曜日には試験はない。なぜなら、もし木曜日の授業が終わった時点でまだ試験がなかったとしたら、金曜日の朝には試験が今日だとわかってしまい抜きうち試験にならなくなるのだから。これで金曜日は除外されるので、木曜日が考えられる最後の日ということになる。さらに、水曜日が終わっても試験がまだだとすると、木曜の朝には今日が試験の日だとわかるから（というのも金曜日はすでに除外ずみなのだから）、したがって抜きうち試験にはならない。これで木曜日も除外される。」

　彼は同じ推論によって水曜日も除外し、次に火曜日、そしてとうとう教授が試験の話をした月曜日までも除外してしまった。「だから、試験なんかないんだ。教授が自分で言ったとおりのことを実行するのは不可能だ。」彼がこう結論したちょうどそのとき、教授が言った。「では、今から試験をします。」

その学生の驚いたこと！

彼の推論のどこがまちがっていたのだろう？

この有名な問題に関しては何十もの論文が発表されているが、その分析法についてはまだ意見の一致が見られないようだ。私個人の見解は、かいつまんで言うとこうなる。

私が学生の立場だったとして、私の考えでは抜きうち試験はどの日にもありうる。たとえ金曜日にでもだ！　その根拠を述べよう。金曜日の朝がきて、まだ試験がなかったと仮定する。私はいったいどう考えればよいか？　私が教授の言ったことを信じていると仮定して(この仮定がないと問題が成り立たない)、金曜日の朝までに試験がなかったとき、私は教授を信じつづけることができるのだろうか？　それはどう考えても不可能だ。たしかに今日(金曜日に)試験があると考えることはできるが、「抜きうち」試験があるとは考えられない。したがって教授を全面的に信頼することはできなくなって、どう考えてよいかわからない状態になる。私にすればもう何があってもおかしくないので、金曜日の抜きうち試験に驚かされる、ということもありうるわけだ。

実をいうと、教授は2つのことを言っている。

(1)　今週中のいずれかの日に試験をします。

(2)　試験当日の朝になっても、君たちはその日に試験があることがわからないでしょう。

この2つを分けて考えることが重要だ。(1)が正しく、(2)がまちがっていることもありうる。金曜日の朝、教授の言ったことの両方を信じることは不可能だが、(1)だけを信じることは可能である。しかしその場合、(その日に試験があることがわかってしまっているので)(2)の方はまちがいになってしまう。一方、私が教授の言った(1)について疑いをもっているとしたら、試験が今日あるかどうかがわからないので、(教授が約束どおりに試験をすれば)(2)の方は正しかったことになる。驚くべきことだが、教授の言った(1)を信じれば(2)がまちがいになり、(1)を信じなければ(2)が正しくなるのだ。つまり、私が教授を疑っているとき、そしてそのときにかぎり教授は正しくなる。つ

まり私が教授を疑えば教授は正しくなるが、完全に信頼すれば教授は嘘つきになってしまう！　この不思議な点に気がついた人が、今までにいただろうか？

「1日」版パラドックス　このパラドックスの核心は、何日も幅を設けて問題を複雑にするところにはないので、以下のような「1日」版パラドックスが提案されている。教授が学生にこう言う。「今日は、抜きうち試験で学生諸君を驚かせます！」さて、学生はこれをどう考えればよいだろう？

　以下の問題も本質的には同じだ。ある学生が神学の教授に「神は本当に存在するのですか？」ときいたところ、教授は「神は存在するが、君が神の存在を信じることはできない」と答えた。学生はどう考えたらよいのだろう？あとで明らかになるように、彼の推論能力についていくつかの妥当な仮定を設けると、学生は整合性を失わずに教授を信じることができないのである。

　さらに本書の核心に迫るものとしては、次の問題がある。同じように神の存在を尋ねた学生に対して、神学教授の今回の返答はひどく変わっていた。「君が神の存在を信じないとき、そしてそのときにかぎり神は存在する。」つまり教授はこう言ったのだ。「もし神が存在すれば君はけっして神の存在を信じないだろうし、もし神が存在しなければ君は神の存在を信じるだろう。」このかわいそうな学生は、いったいどう考えればよいのだろう？　彼は整合性を失わずに教授を信じることができるだろうか？　実をいうと、これは可能である。しかし、(後述するように、彼の推論能力についていくつかの妥当な仮定をすると)学生が教授を信じつつ整合性を失わない唯一の方法は、自分自身の整合性を信じないことなのだ！　いいかえるなら、学生が教授の言うことと自分自身の整合性との両方を信じると、彼は整合性を失ってしまう。

　このパラドックスは、整合性の証明が不可能であることを証明したゲーデルの第2不完全性定理と深く関係している。ゲーデルが今日知られているもっとも強力な数理システムをいくつか調べたところ、(その中で証明可能な命題は真であるから)それらは確かに整合であった。しかし驚くべきことに、これらのシステムの強力さにもかかわらず(いや、別の見方ではその強力さゆえに)、これらのシステムは自分自身の整合性を証明することができないのだ。

これらのシステムの整合性を示すには、システム内では形式化できないような方法をとらざるをえない。

本書ではこれらのパラドックスやゲーデルの業績を探求する。その探求に必要な道具を得るために(そして探求をおもしろく味つけするために!)、まずいくつかの論理パズルと命題論理との関係について見ていこう。

II 偽と真の論理学

第 3 章　国勢調査員

　この本の主な舞台は騎士と奇人の島である。そこでは騎士は本当のことしか言わないし、奇人はまちがったことしか言わない。そしてすべての住人は騎士か奇人かのどちらかである。
　この島に関する基本的な事実に、住人が「私は奇人である」と言うことが絶対にない、ということがある。騎士は自分が奇人だと嘘を言うことはないし、奇人は自分が奇人であると正しく打ち明けることもないからだ。
　次の4つの問題ではかつ、または、もし……ならば、もし……ならば、そしてそのときにかぎりという論理的結合子が登場する。これらについては第6章でさらに厳密に述べる。

マグレガーの訪問

　国勢調査員マグレガーが、騎士と奇人の島で調査を行ったときの話である。このとき、マグレガーは結婚しているカップルだけを調査の対象にした。(この島では女性もすべて騎士か奇人である。)

1.　かつ

　マグレガーがドアをノックすると、夫がドアを半分開いて用件をきいた。

マグレガーはそれに答えて、「国勢調査をしています。あなた方ご夫妻についてお尋ねしたいのですが、それぞれ騎士と奇人のどちらですか？」
「両方とも奇人だよ！」男は怒ったように言って、ドアをバタンと閉めた。
夫と妻はそれぞれどちらに属するか？（答は問題2の下にある。）

2. または

隣りの家でマグレガーが夫の方に尋ねた。「お宅は両方とも奇人ですか？」答は「少なくとも片方はね。」
さて各々どちらか？

問題1の答　もし夫が騎士だとしたら、自分と妻の両方が奇人だと言ったのはおかしい。したがって彼は奇人である。奇人である以上、彼の言ったことはまちがいである。つまり両方とも奇人だということはない。したがって妻の方は騎士である。答は、夫が奇人、妻が騎士。

問題2の答　もし夫が奇人だとすると、少なくとも片方は奇人というのが正しいことになって、奇人が正しいことを言ったことになるからこれはありえない。したがって夫は騎士である。これより彼の言ったことが正しいことがわかるから、夫と妻のどちらか一方は奇人である。夫は奇人ではないから、それは妻の方だ。したがって答は問題1の逆で、夫が騎士で妻が奇人。

次の問題は、前の2つよりちょっとおもしろいはずだ（もちろん以前に聞いたことがなければだが）。ここにはあとの章で出てくる、より高度な問題と共通のテーマが顔を出している。

3. もし……ならば

マグレガーが次に訪問した家はまたもや難問を出した。ドアをおずおずと開けた内気そうな男に、マグレガーが夫婦がそれぞれどちらか尋ねると、男の答はこれだけだった。「もし私が騎士ならば私の妻も騎士です。」
ちょっと不機嫌になったマグレガーは、歩き去りながら考えた。「こんなあいまいな答じゃ何もわかんないじゃないか！」そしてメモに「夫・妻——両方

とも不詳」と書こうとしたちょうどそのとき、彼は大学時代の論理学の講義のことを思いだした。「そうだよ！　夫・妻の両方ともわかるじゃないか。」
　夫・妻、それぞれどちらか？

解答　夫が騎士であると仮定する。すると彼の言ったこと——すなわち、もし彼が騎士だとすると彼の妻も騎士であるということ——が正しいことになる。これより彼の妻も騎士である。以上の議論は「もし夫が騎士ならば彼の妻も騎士である」ということが正しいことを示している。さて男が言ったのはまさにこれと同じこと、つまり「もし彼が騎士ならば妻も騎士である」ということである。したがって、彼は正しいことを言ったのだから騎士にちがいない。これで男が騎士であることはわかった。また、男が騎士ならば彼の妻も騎士であるということはもう上で示したから、したがって夫・妻の両方ともが騎士である。

　この問題には、読者が考える以上に重要なことが隠されている。次の類似した問題を考えてみよう。あなたが金の鉱脈を探しにこの島を訪れたとする。実際に掘りはじめる前に、本当に島に金があるのかどうかをあなたは知りたく思う。（住人は皆、金の鉱脈が島にあるのかどうかを知っているとしよう。）そこでもし島の住人が「もし私が騎士ならば島には金があります」と言ったとしよう。するとその住人は騎士であり、また島からは金が出ることを結論づけることができる。これは問題3と同じ議論で証明できる。つまり住人が騎士であると仮定する。すると「彼が騎士ならば島には金がある」というのが正しいから、島に金があることも正しいことになる。これで「彼が騎士ならば島には金がある」というのが正しいことが示せた。彼が言ったのはまさにこのことだから、彼は騎士である。したがって島には金がある。
　問題3の答とこの類似問題とは、次の事実の特殊なケースになっている。これは重要だから定理1として記録しておこう。

定理1　任意の命題pについて、もし騎士と奇人の島の住人が「もし私が騎士ならばpである」と言ったとすると、その住人は騎士であり、またpも真で

なければならない。

　問題3の答は、定理1においてpをその住人の妻が騎士であるとしたときの特別な場合である。問題3の類似問題(金脈に関する問題)も、定理1のpを島に金があるとしたときの特別な場合である。

　定理Ⅰから、騎士と奇人の島の住人が「もし私が騎士ならばサンタクロースは実在する」と言うことはけっしてないことが導かれる(もしサンタクロースが本当に実在するのなら話は別だが)。

4.　もし……ならば、そしてそのときにかぎり

　マグレガーが4組めのカップルのところへ行ったら、夫の方はこう答えた。「私と妻とは同じ種類だ。つまり両方とも騎士か両方とも奇人だ。」

　(夫がこう言ったとしてもよい。「もし私が騎士ならば、そしてそのときにかぎり妻が騎士である。」これも同じ意味になる。)

　夫について、それから妻について何を結論できるだろうか?

解答　夫の方は騎士とも奇人とも特定できないが、妻については次のように推論できる。

　もし妻が奇人だったとすると、自分と妻とが同じ種類だと夫が言うことはありえない。なぜなら、それは自分が奇人だと主張していることと同じことになってしまうからだ。それはこの島では不可能である。

　この問題を、別の見方でこう考えることもできる。夫は騎士か奇人かのどちらかである。もし騎士ならば、彼の言ったことは正しいから、彼と妻とは本当に同じ種類である。つまり妻も騎士である。一方、彼が奇人なら、彼の言ったことはまちがっていて、したがって彼と妻とは違う種類である、つまり妻は夫と違って騎士である。結論——夫が騎士か奇人であるかによらず妻は騎士である。(ここで夫の方の種類は「不定」である。彼は騎士で、妻と同じ種類だと正しく言っているのかもしれないし、奇人で、妻と同じ種類だと嘘をついているのかもしれない。)

この問題を一般化した問題を考える。pを任意の命題としたとき、もし島の住人が「もし私が騎士ならば、そしてそのときにかぎりpが正しい」と言ったとすると何が推論できるか？

2つの命題が**等値**であるとは両方とも真、または両方とも偽であることである。(もし一方が真ならば、もう一方も真である。) 2つの命題が等値でないとき**不等値**であるという。(もし一方が真ならば、もう一方は偽である。) さて、住人は「もし私が騎士ならば、そしてそのときにかぎりpが正しい」と言った。その住人が騎士であるという命題をkで表わすと、彼はkとpが等値であると主張しているといえる。もし彼が騎士であるとすると、彼の主張は正しく、kとpは本当に等値である。kは真だから、pも真である。一方、もし彼が奇人であるとすると、彼の主張は偽である。つまりkとpとは実際には等値でない。kは偽だから(彼は騎士ではない)、この場合もpは真である(偽である命題と不等値である命題は真である)。こうしてpは真だが、kは不定であることがわかった。これを定理2として記録しておこう。

定理2 pを任意の命題としたとき、島の住人が「もし私が騎士ならば、そしてそのときにかぎりpが正しい」と言ったとする。すると、その住人が騎士・奇人のどちらであるかによらずpは真である。

島に金があるかどうかの問題に戻ろう。島の住人がこう言ったとする。「もし私が騎士ならば、そしてそのときにかぎり島には金がある。」すると定理2により(pを「島には金がある」とおく)、島には金があることがわかるが、その住人が騎士・奇人のどちらであるかは決定できない。

もし島の住人が「もし私が騎士ならば、島には金がある」と言ったとすると、定理1より彼が騎士であることと島には金があることの両方が導ける。しかし、もし彼が「もし私が騎士ならば、そしてそのときにかぎり島には金がある」と言ったとすると、定理2により、われわれが結論できるのは島には金があることだけで、彼が騎士と奇人のどちらであるかは決定できない。

定理2は、哲学者のネルソン・グッドマン(Nelson Goodman)が考案した

有名なパズルの基盤になっている。そのパズルはこう記述することができる。騎士と奇人の島へ行ったある人が、島に金があるかどうかを知りたいとする。彼には、イエスかノーで答えることのできる質問を1つだけ、島の住人にすることが許されている。どういう質問をすればよいか？

こう質問するとうまくいく。「もしあなたが騎士ならば、そしてそのときにかぎり島に金がある——というのは正しいですか？」もし彼がイエスと答えれば、その場合、定理2より島には金がある。ノーと答えれば、その場合、金はない。（なぜなら「彼が騎士であることと島に金があることとは等値である」ということを彼は否定しているのであって、これはつまり「彼が騎士であることと島には金がないことは等値である」と主張していることに等しい。そこでふたたび、定理2より島には金がないことになる。）

関連した問題

5

「もし彼が騎士ならば島には金があるが、彼が奇人ならば金があるかどうかわからない」ということを導くことができる住人の発言には、どんなものがあるか？

6

「もし島に金があれば彼は騎士だが、金がなければ彼は騎士と奇人のどちらかわからない」ということを導くことができる住人の発言には、どんなものがあるか？

7

私が以前にこの島を訪ねて「この島に金がありますか？」ときいたところ、答は「私は今までに島に金があるとは言ったことがない」というものだった。その後しばらくして、私は島には金があることを知った。その住人は騎士と奇人のどちらだったのだろうか？

解答

5. うまくいく発言はたくさんある。たとえば「わたしは騎士であり、かつ島には金がある。」別の例は「島には金があり、かつ島には銀もある。」(もしその住人が騎士なら島には金(と銀)があるが、奇人だとすると金がある、ないの両方ありうる。)

6. うまくいく一例は「私は騎士であるか、または島には金がある。」「または」というのは「少なくとも片方は(そしてもしかすると両方とも)正しい」という意味だから、もし島に金があれば、「その住人が騎士であるか、または島には金がある」というのは正しくなる。したがって、もし島に金があれば彼の言ったことは正しいから、彼は騎士であるということになる。つまり、もし島に金があれば彼は騎士である。

一方、金がない場合には、騎士と奇人のどちらでも「私が騎士であるか、または島には金がある」と言うのが可能である。

うまくいく別の例は「島には金があるか、または島には銀がある。」

7. 彼が奇人だったとしよう。すると彼は嘘をついたはず、つまり島に金があると以前に言ったことがある、ということになる。彼は奇人だから、彼の言ったことは偽であり、つまり、島には金はないはずだ。しかし前に述べたように、島には本当は金があった。したがって彼が奇人ではありえないから、騎士である。

第4章　ウーナを探して

　南太平洋にある「騎士と奇人諸島」には、どの島にも半分人間で半分鳥の住人が住んでいる。これら鳥人たちは、鳥のように空を飛び、人間と同じように言葉を話すことができる。

　これからお話しするのは、この諸島を訪れてウーナ(Oona)という名の鳥女に恋してしまった哲学者(それも論理学者)の物語である。2人は結婚し、そしてその結婚は幸福だった。ただ1つ問題だったのは、妻ウーナが気まぐれ症だったことである。たとえば、彼が夜、家に帰っても、素敵な月夜に誘われたウーナが別の島へ飛んでいってしまって、家にいないということがしばしばあった。そんなとき、彼はカヌーに乗って島から島へとウーナを探し、家につれて帰るのだった。ウーナが島に降りるときには、その島の住人すべてが空中にいて降りようとしているウーナを見るが、いったん島に降りてしまうともう見つけるのは困難だった。だから、夫が島に着いて最初にするのは、住人に話を聞いて、ウーナがその島に降りたかどうかを判断することだった。当然、ここでやっかいだったのは、島の住人のうち奇人の方が本当のことを言ってくれないということだ。これからお話しするのは、彼の身に起こったいくつかの事件である。

1

あるとき、ウーナを探してある島にたどりついた夫は、A・B2人の住人に会い、ウーナが島に降りたかどうかを尋ねた。

　　A　「もし私とBが両方とも騎士ならウーナはこの島にいる。」
　　B　「もし私とAが両方とも騎士ならウーナはこの島にいる。」

さて、ウーナはこの島にいるのか？

2

別のあるときには島の住人AとBは次のように言った。

　　A　「もしわれわれの少なくとも片方が騎士なら、ウーナは島にいる。」
　　B　「そのとおりである。」

ウーナは島にいるのか？

3

今度の話に関しては、細かい点をよく覚えていない。論理学者が住人AとBに会って、Aが「Bは騎士で、ウーナは島にいる」と言ったところまでは確かだが、Bが何と言ったかがはっきりと思いだせない。「Aは奇人で、ウーナは島にいない」と言ったか「Aは奇人で、ウーナは島にいる」と言ったかのどちらかなんだが。どうも思いだせない。どちらにしても、ウーナが島にいるかどうか自分が判断できたことは覚えている。ウーナは島にいるか？

4

論理学者が、6人しか住人のいない小さな島に行ったときのことだ。不思議なことに6人の答はすべて同じだった。すなわち「少なくとも1人の奇人はウーナがこの島に降りるのを見た。」

ウーナが島に降りるのを見た住人は、1人でもいたのだろうか？

5

　論理学者の夫がウーナを探してある島に行ったところ、彼の目的を察した島の住人5人は、ニタニタ笑いながら次のように言った。

　　A 「ウーナはこの島にいる。」
　　B 「ウーナはこの島にいない。」
　　C 「ウーナは昨日島にいた。」
　　D 「ウーナは今日島にいないし、昨日もいなかった。」
　　E 「Dは奇人か、またはCは騎士だ。」

　しばらく考えても、何の結論も引き出せなかった夫は言った。「何かもう少しだけ言ってくれませんか？」それにAが答えて、「Eは奇人か、またはCは騎士だ。」

　ウーナは島にいるか？

解答

1. ここでは、解答は以前の章より短かめにまとめておく。

　AとBが両方とも騎士だと仮定する。すると彼らの言ったことは正しいはずだから、そこからウーナが島にいることが導かれる。つまり、彼ら両方ともが騎士ならば、ウーナは島にいる。これは彼らが言ったことであり、だからAとBは両方とも騎士である。したがってウーナは島にいる。

2. もしも少なくとも一方が騎士なら、彼の言ったことは正しく、したがってウーナは島にいることになる。つまり、少なくとも一方が騎士ならばウーナは島にいる。このように、彼らは両方とも正しいことを言ったのだから両方とも騎士であり、当然少なくとも一方は騎士であるともいうことができる。これと彼らが正しいことを言ったことから、ウーナが島にいることが導かれる。

3. これは、私がメタパズルと呼んでいるものの一例だ。Bが何と言ったかは明らかにされないけれど、AとBが言ったことからウーナが島にいるかどう

かを論理学者が決定できたことは明らかにされる。(それだけは言っておかないと、問題が解けるわけがない!)

　もしBが「Aは奇人で、ウーナは島にいない」と言ったのだとしたら、論理学者には問題が解けなかったはずだということを示す。Bが上のように言ったのだと仮定しよう。そうすると、Aは騎士ではありえない。なぜなら、もしそうなら(Aが言ったように)Bは騎士のはずで、そうすると(Bが言ったように)Aは奇人ということになってしまう。だから、Aは確実に奇人だ。とすると、Bが騎士でウーナは島にいないか、Bが奇人でウーナは島にいるかのどちらかということになって、どちらが正しいかはわからない。つまり、Bがもし仮定のように言ったのだとしたら、論理学者にはウーナが島にいるかどうかわからなかった。ところが論理学者はどちらかわかったのだから、Bはもうひとつの方を言ったにちがいない。Bが言ったのは「Aは奇人で、ウーナは島にいる」だ。さて、この場合どうなるか見てみよう。

　前と同じ理由でAは奇人のはずだ。もしウーナが島にいると仮定すると、次のような矛盾が生じる。Aが奇人でウーナは島にいるから、正しいことを言ったBは騎士である。しかし、Bが騎士でウーナが島にいると言ったAも正しいことを言ったことになってしまって、これはAが奇人であることと矛盾している。この矛盾から逃れる唯一の方法は、ウーナが島にいないとすることだ。結論、ウーナは島にはいない(そして、A・Bは両方とも奇人である)。

4.6人の住人が全員同じことを言っている以上、彼らは全員騎士か奇人である[34ページ、訳者ノート参照]。(彼らの言っていることが正しければ全員騎士で、まちがっていれば全員奇人。) 6人全員が騎士だと仮定しよう。すると彼らの言ったことは正しく、少なくとも島には1人の奇人がいてウーナが島に降りるのを見たことになる。ところが、奇人は1人もいないと仮定されている以上、これはありえない。したがって、彼らは全員奇人だ。だから彼らの言ったことはまちがっていて、1人の奇人もウーナが降りてくるのを見ていないことになる。そして全住人が奇人なのだから、その夜ウーナが降りてくるのを見た住人は1人もいない。

5. もしAが奇人だったら矛盾が生じることを示す。Aが奇人だと仮定する。すると、Aが最後に言ったことはまちがっているから、Eは騎士でCは奇人だ。騎士のEが言ったことは正しいので、Dは奇人か、またはCは騎士だ。しかし、Cは騎士ではないので、Dは奇人だ。だからDの言ったことはまちがいで、ウーナは今日か昨日かのどちらかは島にいたことになる。奇人のCが「昨日島にいた」と言っているから、ウーナが島にいたのは昨日ではない。したがってウーナが島にいたのは今日だ。しかし、これではAが最初に言ったことが正しくなって、Aが奇人だという仮定と矛盾してしまう。Aは奇人ではありえないから騎士だ。よってAが最初に言ったことは正しくて、ウーナは島にいる。

［訳者ノート］　この仮定は一般的には正しくない。たとえば、6人の住人全員が「6人のうち最初に発言したのは私だ」と言ったとしたら、全員が同じことを言ったにもかかわらず、1人めが騎士で残りが奇人になる。ただし、この問題のような発言についてはこの仮定が成り立つ。

第5章　惑星間錯綜

　木星の衛星ガニメデには「火星金星クラブ」という会員制クラブがある。会員はすべて火星人か金星人だが、他の星からの客を受けつける日もある。地球人が見ただけでは火星人と金星人の区別ができないし、また火星人・金星人とも男女が似た服装をしているので見分けがつかない。しかし論理学者にとって好都合なことに、金星人の女はつねに本当のことを言い、金星人の男はつねに嘘をつく。火星人は反対で、男がつねに本当のことを言い、女がつねに嘘をつく。

　ある日ウーナと論理学者の夫がガニメデを訪れて、このクラブに立ちよった。「私なら火星人と金星人、男と女とを見分けられるだろうな！」論理学者は誇らしげにウーナに言った。

　「でも、どうやって？」

　「よーし、今晩は会員以外の訪問が許されるから、行って見せてあげよう。」と夫。（ところで彼の名前はジョージ(George)である。）

1

　2人はクラブに到着した。「さあ、お手並みを拝見いたしましょう。」と疑わしげなウーナ。「そこに立ってる人はどう。男の人か女の人かわかる？」ジョージはその人のところへ歩いていき、イエスかノーで答えられる質問を1つ

だけした。答を聞いたジョージは、すぐにその人の性別を当てることができた(火星人か金星人かはわからなかったが)。

　どんな質問をしたのだろうか？

2

「なるほど！」ジョージの説明を聞いたウーナが言った。「じゃあ今度は男の人か女の人かじゃなくて、火星人か金星人かを知りたいとしたら？　1つの質問でできる？」

「もちろんだよ」とジョージ。「わからないかな？」

しばらく考えこんでいたウーナだったが、突然答がひらめいた。さて正解は？

3

ウーナが言った。「あなたが本当に賢いんだったらね、その会員が男か女か、それにどっちの星の人か、たった1問でわかるはずよね。1つの質問で両方正解を出してみていただきましょうか。」

「どんなに賢い人でもそれは無理だよ！」とジョージ。その理由は何か？(これは私の本 TO MOCK A MOCKINGBIRD 第2章の最後のパズルと本質的に同じものである。)

4

ちょうどそのとき、1人の会員が通りすぎながら言った言葉を聞いたジョージとウーナは、その人が火星人の女の人だと判断することができた。(そろそろウーナもコツがわかってきたようだ。)その人は何と言ったのだろう？

5

次の会員が言ったことからは、その人が金星人の女の人だと推論することができた。その人は何と言ったのだろう？

6

　火星人の男、火星人の女、金星人の男、金星人の女のいずれであれ、口にすることができる言葉はどんなものだろう？

　ジョージとウーナが論理学をうまく使って会員の性別や出身星を言いあてているという話は、すぐクラブ中に広まった。クラブのオーナーでフェター(Fetter)という実業家が、ジョージとウーナの席に来てあいさつしたあとに言うには、「さて、他の会員についてもお手並みを拝見いたしたいものですな。」

7

　ちょうどそのとき、2人の会員が通りかかった。フェターに勧められ、彼ら、オーク(Ork)とボッグ(Bog)は皆のテーブルについた。ジョージにうながされた2人は、自分たちについて次のように語った。

　　オーク　「ボッグは金星人だ。」
　　ボッグ　「オークは火星人だ。」
　　オーク　「ボッグは男だ。」
　　ボッグ　「オークは女だ。」

　これだけ聞いたジョージとウーナは、2人の性別と出身星を言いあてることができた。さて、読者にはわかるだろうか？

8

　オークとボッグが他のテーブルへ行ってしまったあとでフェターが言うには、「火星人と金星人が国際結婚することもありましてね、今日もそんなカップルが何組か来ているみたいですよ。こっちへ今歩いてくるあのカップルが国際カップルかどうか、わかりますか？」

　名前を覚えていないので、2人をA・Bと呼ぶことにしよう。
　「あなたはどちらの星のご出身ですか？」とウーナがAにきくと、「火星からです」という答が返ってきた。それを聞いたBは「それは違います。」

さて、この2人は国際カップルか？

9

「また別のカップルが来ましたね」とフェターが言った。「今度も国際カップルかどうかは言いませんが、どちらが夫かわかりますか？」

2人をA・Bと呼ぶことにする。ジョージが「おふたり同じ星の方ですか？」ときくと答はこうだった。

 A 「2人とも金星人です。」
 B 「それは違います。」

どちらが夫だろうか？

10

フェターが言った。「また別のカップルですね。今度も国際カップルかどうかは言いませんが、さてどうでしょう。」このカップルの名前は覚えている。ジャル(Jal)とトーク(Tork)だ。

 ジョージ 「出身地について教えてください。」
 トーク 「私のつれあいは火星人です。」
 ジャル 「私たちは2人とも火星人です。」

これを聞いたジョージとウーナは、2人の性別と出身星を完全に決定することができた。さて、読者にもできるだろうか？

解答

1. うまくいくもっとも簡単な質問は「あなたは火星人ですか？」だ。答がイエスだったとしよう。その答は正しいか嘘かのどちらかである。正しいとすればその人は本当に火星人で、正しく答える火星人だから男ということになる。もし嘘をついているとすればその人は本当は金星人で、嘘をつく金星人だからやっぱり男となる。だからどちらの場合でも、答がイエスならその人は男である。同じように考えると、ノーという答が返ってくれば、相手が女であ

ることがわかる。(こちらの方の論証は読者への課題としておく。)
　もちろん「あなたは金星人ですか？」という質問も同じようにうまくいく。答がイエスならその人は女、ノーなら男だ。

2.「あなたは男ですか？」ときけばうまくいく。(読者各自で確かめていただきたい。)または「あなたは女ですか？」でもよい。

3. イエスかノーで答えられ、ある会員が男であるか女であるかということと火星人であるか金星人であるかということを一度に決定できる質問をつくるのが不可能な理由は、その人には4つの可能性(火星人の男、火星人の女、金星人の男、金星人の女)があるのに対して、質問に対する返答には2つの可能性(イエスとノー)しかないからである。2通りしかない返答で、4つの可能性のうちどれが正しいかを決定することはできない。

4. たとえばこう言ったのかもしれない——「私は金星人の男だ。」当然ながらこれは真ではありえない。本当なら金星人の男が本当のことを言ったという矛盾が起こってしまう。残る3つの可能性のうち、ありうるのは火星人の女の場合だけだ。

5. 今度は少し難しい。うまくいく例は、「私は女か、または金星人です」だ。(「か、または」というのは「少なくとも一方は、そして両方の場合もありうる」である。「一方のみが正しい」という意味ではない。)
　もしも言ったことがまちがっているとすると、その人は女でも金星人でもないから、火星人の男ということになる。しかし火星人の男はまちがったことを言わないから、これは矛盾だ。したがって言ったことは正しいはずで、その人は女であるか金星人であるかあるいはその両方であるかだ。女だとすると、正しいことを言う女は金星人なので、その人は金星人のはず。金星人だとすると、正しいことを言う金星人は女なので、女のはず。つまりその人は金星人で、かつ女ということになる。
　ちなみに、もし「私は女で、かつ金星人だ」とより強いことを言ったのだ

とすると、その場合にはその人の性別も、出身星も決定することができない。(火星人の男ではないということがわかるだけだ。)

6. 1つの例は、「私は火星人の男か、または金星人の女である。」またはこれでもよい——「私はつねに正しいことを言う。」嘘をつく人でも本当のことを言う人でも、これは言える。

7. オークが本当のことを言っているとしよう。するとボッグは金星人の男だから、ボッグは嘘をついたはずだ。逆に、オークが嘘をついたとすると、ボッグは金星人でも男でもないから火星人の女で、やっぱり嘘をついたはずだ。つまり、オークが本当のことを言ったかどうかにかかわらず、ボッグは嘘をついたのだ。

　ボッグは嘘をついたのだから、オークは火星人でも女でもなく、金星人の男ということになる。したがってオークも嘘をついた、そしてボッグは火星人の女だということになる。結論は、オークは金星人の男で、ボッグは火星人の女(そして2人の言ったことはすべて嘘)。

8. Aは自分が火星人だと言った、したがって男である(問題1の解答を参照)。そしてBは女。もしAが本当に火星人だとすると、Bは嘘をついたことになるが、嘘をつく女は火星人である。もしAが本当は金星人で、嘘をついたのだとすると、Bの言ったことは正しくて、同じく金星人だということになる。したがってこの2人は同じ星の出身者で、国際カップルではない。

9. もしAの言ったことが本当で、2人とも金星人だとすると、(本当のことを言った)Aは女である。一方、Aの言ったことがまちがっているとすると、少なくとも一方は火星人のはずだ。Aが火星人だとすると、(まちがったことを言った)Aは女のはず。Bが火星人だとすると、(本当のことを言った)Bは男で、やっぱりAは女である。したがってAが妻で、Bが夫である。

10. もしジャルの言ったことが本当で、2人が本当に火星人だとする。すると

トークは火星人で、トークの言ったこと（＝ジャルが火星人だということ）も正しい。これでは、同じ星のカップルが両方とも正しいことを言うという不可能なことが起こってしまう。これはありえないので、ジャルの言ったことはまちがっている。つまり少なくとも一方は金星人である。

ジャルが火星人だとすると、トークは金星人だ。さらに、ジャルが火星人だと言ったトークは正しいことを言ったことになるので、トークは女性でなければならない。そしてジャルは男ということになって、火星人の男が嘘をつくという矛盾が起こってしまう。したがってジャルは火星人でなく、金星人だ。まちがったことを言った金星人であるジャルは男でなければならない。ジャルは火星人でないから、トークの言ったことはまちがいだ。嘘をつく女であるトークは火星人である。

結論、ジャルは金星人の男でトークは火星人の女。

III 騎士・奇人・命題論理

第6章　命題論理を少々

　これまでの3章で見てきた騎士と奇人のパズルは、**命題論理**と呼ばれる枠組みの中で考えるとさらに新しい意味をもってくる。(これは次章で述べる。) この章では、命題論理の基本的なことがら(論理的結合子、真理表、恒真式)について解説する。これらのことについてすでにご存じの読者は、この章をとばしてもかまわないし、または記憶を新たにするためにざっと目を通すのもよいだろう。

論理的結合子

　代数と同じく、命題論理においても独自の記号体系が存在するが、これは比較的覚えやすいものである。代数では不特定の数を x, y, z と表わすが、命題論理では不特定命題を p, q, r, s と表わす。(p_1, p_2 と添え字を付けることもある。)

　命題は、**論理的結合子**と呼ばれるものを用いて組み合わせることができる。

(1)　～(ではない)
(2)　&(かつ)
(3)　∨(または)

（4）　⊃（もし……ならば）
（5）　≡（もし……ならば、そしてそのときにかぎり）

以下に例を挙げる。

(1)否定　任意の命題 p に対して $\sim p$ は p の**否定**を意味し、「p ということは事実でない」またはたんに「p ではない」と読む。p が真のとき $\sim p$ は偽であり、p が偽のとき $\sim p$ は真である。これらのことは次の表、否定の**真理表**にまとめることができる。真理表では"T"は真を、"F"は偽を表わす。

p	$\sim p$
T	F
F	T

この真理表の1行目は、もし p の値がTなら（もし p が真なら）、$\sim p$ の値はFであることを述べている。2行目は、もし p の値がFなら、$\sim p$ の値がTであると述べている。これを下のように表わすこともできる。

$$\sim T = F$$
$$\sim F = T$$

(2)連言　任意の命題 p と q に対して、"$p \& q$"（または"$p \wedge q$"）は p と q が両方真であるという命題を表わす。$p \& q$ は p と q の**連言**と呼ばれる。$p \& q$ は、p と q の両方が真ならば真、どちらか一方でも偽ならば偽である。したがって連言には次の4つの規則がある。

$$T \& T = T$$
$$T \& F = F$$
$$F \& T = F$$
$$F \& F = F$$

連言に対する真理表は以下のとおり。

p	q	$p\&q$
T	T	T
T	F	F
F	T	F
F	F	F

(3)選言 任意の命題 p と q に対して、"$p \vee q$" は p と q の少なくとも一方は真であるという命題を表わし、「p または q」と読む。(「または」と言ったときに「どちらか一方だけが」という意味もあるが、ここではそういった意味では使わないことにする。p と q が両方真の場合、命題 $p \vee q$ も真である。) $p \vee q$ を p と q の**選言**と呼ぶ。選言の真理表は以下のとおりである。

p	q	$p \vee q$
T	T	T
T	F	T
F	T	T
F	F	F

この表からわかるように $p \vee q$ は p と q が両方偽のときのみ偽である。

(4)もし……ならば いかなる命題 p と q に対しても、"$p \supset q$" は p が偽か、または p と q の両方が真であるという命題を表わす。これは言い方を変えれば、「p が真ならば q も真である」という命題である。$p \supset q$ は「もし p ならば q である」とも「p が真で q が偽であるということはない」とも読める。$p \supset q$ を p と q の**含意**と呼び、真理表は以下のとおりである。

p	q	$p \supset q$
T	T	T
T	F	F
F	T	T
F	F	T

この表からわかるように、$p \supset q$ は p が真で q が偽のときのみ偽となる。少

し説明が必要だろう。$p \supset q$ というのは、「p が真で q が偽ということはない」という命題なので、それが偽になるのは p が真で q が偽の場合だけだ。

(5) もし……ならば、そしてそのときにかぎり 最後に、"$p \equiv q$"は p と q が両方真か両方偽であるという命題を表わす。これは「どちらか一方が真ならばもう一方も真である」という命題であるということもできる。$p \equiv q$ は「もし p が真ならば、そしてそのときにかぎり q は真である」または「p と q は同値である」と読む。(2つの命題が**同値**であるとは両方真、または両方偽であるということである。) 真理表は以下のとおりである。

p	q	$p \equiv q$
T	T	T
T	F	F
F	T	F
F	F	T

括弧 2通り以上の意味にとれるあいまいさを避けるために、括弧を用いる。たとえば、$p \& q \vee r$ と書いただけでは2通りの意味にとれてしまうので、$p \& (q \vee r)$ または $(p \& q) \vee r$ と書いて誤解を防ぐのである。

真理表の組み合わせ 命題の**真理値**とは、その命題が真であるか偽であるかのことで、真ならばT、偽ならばFとなる。したがって、「$2+2=4$」と「ロンドンはイギリスの首都である」という異なった2つの命題は、Tという同じ真理値をもつ。

p と q という2つの命題に対して、それぞれの真理値がわかれば、$p \& q$, $p \vee q$, $p \supset q$, $p \equiv q$, $\sim p$, $\sim q$ すべての真理値を決定することができる。これよりわかるのは、p と q の真理値が与えられれば、p, q と論理的結合子とを使ってのどんな組み合わせに対しても、その真理値を決定できるということである。たとえばAを $(p \equiv (q \& p)) \supset (\sim p \supset q)$ という命題とする。p と q の真理値が与えられれば、$q \& p$, $p \equiv (q \& p)$, $\sim p$, $(\sim p \supset q)$、そして最後に $(p \equiv (q \& p)) \supset (\sim p \supset q)$ の値を順に見つけていくことができる。p と q の場合、真

理値には 4 つの分配の仕方がありうる。そしてそのそれぞれに対し、A の真理値を決定できる。これは、次の表をつくって機械的に行うことが可能である。

p	q	$q\&p$	$p\equiv(q\&p)$	$\sim p$	$\sim p\supset q$	$(p\equiv(q\&p))\supset(\sim p\supset q)$
T	T	T	T	F	T	T
T	F	F	F	F	T	T
F	T	F	T	T	T	T
F	F	F	T	T	F	F

A は最初の 3 つの場合には真であり、最後の場合には偽である。

別の例、B = $(p\supset q)\supset(\sim q\supset\sim p)$ の真理表をつくるとこうなる。

p	q	$\sim p$	$\sim q$	$p\supset q$	$\sim q\supset\sim p$	$(p\supset q)\supset(\sim q\supset\sim p)$
T	T	F	F	T	T	T
T	F	F	T	F	F	T
F	T	T	F	T	T	T
F	F	T	T	T	T	T

B は 4 つの場合すべてに対し真となっている。こうした式を**恒真式**と呼ぶ。

3 つの命題変数 p, q, r の組み合わせに対して真理表をつくることもできる。ただし、今度は 8 つの場合を考えなければならない(その p と q について真偽の配分が 4 通り、そして r についてその各々に 2 通りの場合があるのだから)。たとえば C = $(p\&(q\supset r))\&(r\&\sim p)$ とすると、真理表はこうなる。

p	q	r	$q\supset r$	$p\&(q\supset r)$	$\sim p$	$r\&\sim p$	$(p\&(q\supset r))\&(r\&\sim p)$
T	T	T	T	T	F	F	F
T	T	F	F	F	F	F	F
T	F	T	T	T	F	F	F
T	F	F	T	T	F	F	F
F	T	T	T	F	T	T	F
F	T	F	F	F	T	F	F
F	F	T	T	F	T	T	F
F	F	F	T	F	T	F	F

恒真式とは反対に、Cは8つの場合すべてに対して偽である。このような式を**矛盾式**と呼ぶ。$(p\&(q\supset r))\&(r\&\sim p)$ が真になるような p, q, r は存在しない。(これは、真理表を使わなくてもこのように考えればわかる。——$p\&(q\supset r)$ が真であると仮定すると、$\sim p$ が偽なのに $(r\&\sim p)$ が真になるわけがない。)

4つの命題変数 p, q, r, s からなる式の真理表をつくるときには16通りの場合を考えなければならず、真理表も16行になる。一般に正の整数 n の数の命題変数からなる式の真理表は 2^n 行になる。(変数が1つふえるたびに行数は倍になる。)

恒真式 論理的結合子についての真理表の規則だけで真と決定できる命題を**恒真式**と呼ぶ。たとえば、ある人が明日は雨だろうと言い、もう1人の人が明日は雨ではないだろうと言ったとする。もちろん、真理表からはどちらが正しいか判断することはできない。明日まで待って、実際に天気を観察しなければならない。しかし、3人めの人が今日こう言ったとしたらどうだろう——「明日は雨か、そうでないかのどちらかだ。」(なんとも慎重な天気予報だ！)これなら明日まで待って天気を観察しなくても、理性だけで正しいとわかる。p を明日が雨だという命題とすると、彼の言ったことは $p\vee\sim p$ であり、真理表をつくってみればすぐわかるように、どんな p に対しても $p\vee\sim p$ は真になる。

恒真式をより厳密に定義するには、**論理式**という言葉をまず説明せねばならない。論理式とは、$\sim, \&, \vee, \supset, \equiv$ といった記号と命題変数よりなる、正しく括弧づけされた式である。論理式を組み立てるには以下の規則を使う。

(1) 命題変数はどれも論理式である。
(2) X と Y を論理式とすると、$(X\&Y), (X\vee Y), (X\supset Y), (X\equiv Y), \sim X$ もやはり論理式である。

以上の規則(1)(2)によってつくられたもののみが論理式である。

論理式のいちばん外側の括弧は取り除いて表示してもかまわない。たとえば、「論理式 $(p\supset q)$」を「論理式 $p\supset q$」と書いてもよい。

論理式そのものは真でも偽でもなく、命題変数を特定の命題と解釈したときにはじめて真または偽となる。「(p&q)という論理式は真ですか？」ときかれても、「p と q とがそれぞれ何の命題を表わしているかによります」としか答えられない。つまり p&q のような論理式は真のこともあり、偽のこともある。一方、$p \vee \sim p$ のような論理式は、p がどういう命題を表わしていたとしても、つねに真である。このような論理式を恒真式であるという。つまり、恒真的な論理式はつねに真である論理式で、真理表をつくると右端の列はすべて T になる。ある命題が、命題変数について適当な解釈を与えたさいに恒真的な論理式として表現されるなら、その命題は恒真式であると定義することができる。(たとえば、「雨がふるか、ふらないかのどちらかだ」という命題は、p を「雨がふる」とすると、$p \vee \sim p$ という論理式によって表わすことができる。)

論理的帰結と同値　命題 X と Y に対して、$X \supset Y$ が恒真式ならば、X は Y を**論理的に含意する**、または Y が X の**論理的帰結**であるという。$X \equiv Y$ が恒真式ならば X と Y は**論理的に同値**であるという。X と Y が論理的に同値であるとは、X が Y の論理的帰結であり、かつ Y が X の論理的帰結であるときである、といいかえてもよい。

いくつかの恒真式

真理表は恒真式であることを確認する機械的な方法だが、少し頭を使えば多くの恒真式についてはもっと素早く判断できる。いくつかの例を示そう。

(1) 　$((p \supset q) \& (q \supset r)) \supset (p \supset r)$

この式が述べているのは、「もし p が q を含意し、かつ q が r を含意するなら、p は r を含意する」ということである。これは明らかに真である。(もちろん真理表で確かめてもよい。)この恒真式には**三段論法**という名前がついている。

（2） $(p\,\&\,(p\supset q))\supset q$

この式は「p が真で、かつ p が q を含意するなら、q も真である」と述べている。「真である命題の含意する命題は真である」といいかえることもできる。

（3） $((p\supset q)\,\&\,\sim q)\supset\sim p$

「もし p が偽の命題を含意するなら、p も偽である」と述べている。

（4） $((p\supset q)\,\&\,(p\supset\sim q))\supset\sim p$

「p が q を含意し、かつまた p が $\sim q$ も含意するなら、p は偽である」と述べている。

（5） $((\sim p\supset q)\,\&\,(\sim p\supset\sim q))\supset p$

この法則は**背理法**として知られている。p が真であること示すためには、$\sim p$ がある命題 q とその否定 $\sim q$ との両方を導くことを示せばよい。

（6） $((p\vee q)\,\&\,\sim p)\supset q$

これもよく知られた論理学の法則だ。p と q の少なくとも一方が真で、かつ p が偽なら、q は真のはずだ。

（7） $((p\vee q)\,\&\,((p\supset r)\,\&\,(q\supset r)))\supset r$

これは**場合分けによる証明**として知られている。$p\vee q$ が真であり、また p が r を含意し、q も r を含意すると仮定する。すると、p と q のうちどちらが真であるかにかかわらず（両方とも真の場合もある）、r は真である。

命題論理に経験のうすい読者のために、練習問題をいくつか用意した。

練習問題1　次の式のうち恒真式であるのはどれか？

（a） $(p\supset q)\supset(q\supset p)$
（b） $(p\supset q)\supset(\sim p\supset\sim q)$
（c） $(p\supset q)\supset(\sim q\supset\sim p)$

（d）　$(p \equiv q) \supset (\sim p \equiv \sim q)$
（e）　$\sim (p \supset \sim p)$
（f）　$\sim (p \equiv \sim p)$
（g）　$\sim (p \& q) \supset (\sim p \& \sim q)$
（h）　$\sim (p \vee q) \supset (\sim p \vee \sim q)$
（i）　$(\sim p \vee \sim q) \supset \sim (p \vee q)$
（j）　$\sim (p \& q) \equiv (\sim p \vee \sim q)$
（k）　$\sim (p \vee q) \equiv (\sim p \& \sim q)$
（l）　$(q \equiv r) \supset ((p \supset q) \equiv (p \supset r))$
（m）　$(p \equiv (p \& q)) \equiv (q \equiv (p \vee q))$

解答　恒真式であるのは（c）（d）（f）（h）（j）（k）（l）（m）の式。

（e）の式について、初心者は命題 p がその否定 $\sim p$ を導くことなどないと考えがちだが、そんなことはない。p が偽の場合には $\sim p$ は真で、したがって $p \supset \sim p$ はちゃんと真になる。一方、任意の命題がその否定と同値になることはないから、（f）は確かに恒真式である。

（m）式の中の $p \equiv (p \& q)$ と $q \equiv (p \vee q)$ は両方とも $p \supset q$ と同値である。

Discussion　恒真式の重要さは、それが真であるというだけでなく、論理的に確実に真だという点にある。科学的実験にたよることなく、理性のみによってその正しさを認めることができるのである。

論理式という概念を用いずに恒真式を定義することは可能である。すべての命題を真と偽とに分類する仕方を**状況**と定義する。分類はどんな方法でもよいが、論理的結合子に関する真理表の規則には従っていなければならない。（たとえば、p と q とが両方とも偽と分類されているときに $p \vee q$ を真とすることはできない。）どのような**可能的状況**においても真であるような命題が恒真式である。

これはライプニッツの言った可能世界に関係がある。すべての可能な世界の中でこの世界が最良のものだ、とライプニッツは主張した。正直いって彼の主張が正しいのかまちがっているのか、私にはまったくわからないが、ほ

かにも違った世界が可能だと考えるのは興味深いことだ。この発想をもとにして近年、可能世界意味論という論理学の分野がとくに哲学者ソール・クリプキによって開拓された。（これはあとの章で論じられよう。）ある可能世界について、その世界で真な命題すべての集合と偽な命題すべての集合が、その世界の状況を決定する。ところが、恒真式はこの世界だけでなく、すべての可能世界において真である。物理科学はこの実世界で成立している状況を対象としているが、純粋数学と論理学はすべての可能な状況に関する学問なのである。

第7章 騎士・奇人・命題論理

騎士と奇人の島再訪

　さて、これで騎士と奇人についての問題を命題論理の問題に還元するための変換方法を説明する準備が整った。この変換方法はあとの章でひじょうに重要になってくる。

　もう一度騎士と奇人の島に戻ってみよう。島のある住人Pが騎士であるという命題をkとしたとき、Pが命題Xを述べたとする。一般的には、Pが騎士・奇人のどちらであるかも、Xが真と偽のどちらであるかもわからない。しかしこれだけは確かだ――もしPが騎士ならばXは真だし、逆にXが真ならばPは騎士である（奇人はけっして正しいことは言わないから）。Pが騎士ならば、そしてそのときにかぎりXは真である。つまり$k \equiv X$が成り立つ。したがって「PがXと述べる」は"$k \equiv X$"と書きかえることができる。

　島の住人が2人以上問題に登場することがある。2人ならそれぞれP_1、P_2として、k_1をP_1が騎士であるという命題、k_2をP_2が騎士であるという命題とおく。もし3人目の住人P_3が出てくれば、k_3をその住人が騎士であるという命題とおく、というふうにしていけばよい。すると、「P_1がXと述べる」は"$k_1 \equiv X$"に、「P_2がXと述べる」は"$k_2 \equiv X$"に、……とそれぞれ書き

かえることができる。

　さて、第3章の最初の問題(23-4ページ)を見てみよう。この問題には2人の住人 P_1 と P_2 (夫と妻)が登場する。P_1 が「P_1 と P_2 は両方とも奇人である」と述べたなら、P_1 と P_2 がそれぞれ騎士と奇人のどちらであるかというのが問題だ。k_1 は P_1 が騎士であるという命題だから、$\sim k_1$ は P_1 が奇人であるという命題になる(住人は必ず騎士か奇人のどちらかで、両方であることはないのだから)。同様に $\sim k_2$ は P_2 が奇人であるという命題である。したがって P_1 と P_2 の両方が奇人であるという命題は $\sim k_1 \& \sim k_2$ と書ける。P_1 が述べたのは $\sim k_1 \& \sim k_2$ という命題だ。変換方法を使うと、この状況は $k_1 \equiv (\sim k_1 \& \sim k_2)$ と表わすことができる。つまり、この問題を次のような命題に関する問題におきかえることができたわけだ。「命題 k_1 と k_2 に対して $k_1 \equiv (\sim k_1 \& \sim k_2)$ が成り立っているとするとき、k_1 と k_2 の真理値を求めよ。」真理表をつくってみると、$k_1 \equiv (\sim k_1 \& \sim k_2)$ が真になるのは k_1 が偽で k_2 が真のときだけだとわかる。(これは、第3章でわれわれが常識を使って推論して得た結果と同じだ。) ここから、$(k_1 \equiv (\sim k_1 \& \sim k_2)) \supset \sim k_1$ と $(k_1 \equiv (\sim k_1 \& \sim k_2)) \supset k_2$ の2つが恒真式であることも導くことができる。

　この問題は、数学的には次のことによっていいつくされている。命題 k_1 と k_2 について、$(k_1 \equiv (\sim k_1 \& \sim k_2)) \supset (\sim k_1 \& k_2)$ は恒真式である。

　読者は、逆の命題 $(\sim k_1 \& k_2) \supset (k_1 \equiv (\sim k_1 \& \sim k_2))$ も恒真式であり、したがって命題 $k_1 \equiv (\sim k_1 \& \sim k_2)$ が命題 $\sim k_1 \& k_2$ と同値であることも確かめることができるだろう。

　今度は第3章の2番めの問題を見てみよう。この問題では P_1 が P_1, P_2 のどちらかが奇人だと述べ、われわれは P_1 が騎士、P_2 が奇人と結論したのだった。この数学的な内容は命題 $(k_1 \equiv (\sim k_1 \vee \sim k_2)) \supset (k_1 \& \sim k_2)$ が恒真式である、ということである。

　ちなみに、逆の命題も真で、したがって命題 $(k_1 \equiv (\sim k_1 \vee \sim k_2)) \equiv (k_1 \& \sim k_2)$ も恒真式である。

　問題3を書きかえることはとくに理論的に重要なので、それをより一般化した第3章の定理1(25ページ)を考えることにしよう。島の住人Pが、ある命題 q について「もしPが騎士ならば、q が真である」と述べている。(q は

「Pの妻は騎士である」「島には金がある」等、どんな命題でもかまわない。）Pが騎士であるという命題を k としよう。すると P は $k \supset q$ と述べており、この状況は $k \equiv (k \supset q)$ と表わすことができる。ここで k と q の真理値を求めるわけだが、以前に見たように k と q は両方とも真である。したがって第3章定理1の数学的な内容は、$(k \equiv (k \supset q)) \supset (k \& q)$ が恒真式だということである。もちろんこの結果は命題 k の性質に無関係だから、任意の命題 p と q に対して $(p \equiv (p \supset q)) \supset (p \& q)$ は恒真式である。逆の命題 $(p \& q) \supset (p \equiv (p \supset q))$ も恒真式であり、したがって $(p \equiv (p \supset q)) \equiv (p \& q)$ も恒真式である。

今度は第3章の問題4、というよりも定理2を見てみよう。P は「もし P が騎士ならば、そしてそのときにかぎり q である」と述べている。ここでも P が騎士であるという命題を k とおくと P の主張は $k \equiv q$ であり、したがって $k \equiv (k \equiv q)$ が成り立つ。ここから q が真であることが導かれるので、第3章の定理IIの数学的意味は、$(k \equiv (k \equiv q)) \supset q$ が恒真式だということである。

これを私は**グッドマン恒真式**と呼んでいる。第3章で検討したグッドマンの問題がもとになっているからである。

練習問題1 P_1, P_2, P_3 は騎士と奇人の島の3人の住人である。P_1 と P_2 が次のように述べたとすると、3人はそれぞれ騎士と奇人のどちらか？

P_1 「P_2 と P_3 は両方とも騎士である。」
P_2 「P_1 は奇人で、P_3 は騎士だ。」

練習問題2 （a） 次の式は恒真式か？

$((k_1 \equiv (k_2 \& k_3)) \& (k_2 \equiv (\sim k_1 \& k_3))) \supset ((\sim k_1 \& \sim k_2) \& \sim k_3)$

（b） この式と練習問題1とはどのような関係があるか？

練習問題3 命題 p_3 が次の2つの命題の論理的帰結であることを示せ。

（1） $p_1 \equiv \sim p_2$
（2） $p_2 \equiv (p_1 \equiv \sim p_3)$

練習問題 4 P_1, P_2, P_3 が島の 2 人の住人であり、P_1 と P_2 が次のように述べたとする。

P_1 「P_2 は奇人である。」
P_2 「P_1 と P_3 は違う種類である。」

(a) P_3 は騎士と奇人のどちらか？
(b) この問題と練習問題3との関係は？

ウーナに関する問題

第4章のウーナに関する問題の多くも、真理表を用いて解くことができる。まず最初の問題(31 ページ)を見てみよう。住人 P_1 と P_2 がいて、P_1 は「もし P_1 と P_2 が両方とも騎士ならば、ウーナは島にいる」と言っている。P_2 も同じことを言う。さて、ウーナが島にいるという命題を O と表わすと、次の2つの命題が成り立っている。

(1) $k_1 \equiv ((k_1 \& k_2) \supset O)$
(2) $k_2 \equiv ((k_1 \& k_2) \supset O)$

O の真偽を判定するのが問題だ。(1)と(2)の両方を合わせた $(k_1 \equiv ((k_1 \& k_2) \supset O)) \& (k_2 \equiv ((k_1 \& k_2) \supset O))$ という命題に対して真理表を作ってみると、右はじの欄にTがあるところと O の欄にTがあるところとが一致していることがわかる。したがって O は真だ。

練習問題 5 ウーナを探している夫が、島で住人 A と B に会った。

A 「もし B が騎士なら、ウーナは島にはいない。」
B 「もし A が奇人なら、ウーナは島にはいない。」

ウーナは島にいるのか？

練習問題 6 今度は、A と B が次のように述べたとする。

A 「もし私たちのどちらかが騎士なら、ウーナは島にいる。」
B 「もし私たちのどちらかが奇人なら、ウーナは島にいる。」

ウーナは島にいるか？

練習問題7 今度は、AとBが次のように述べたとする。

A 「もし私が騎士でBが奇人なら、ウーナは島にいる。」
B 「それはまちがいだ！」

ウーナは島にいるか？

火星人と金星人再訪

　第5章の「火星・金星・女・男」に関する問題の多くも真理表によって解くことができるが、これにはより複雑な変換方法が必要になってくるので、本書ではくわしく述べない。

　クラブの会員に P_1, P_2, P_3, …と番号をつけ、P_i が金星人であるという命題を V_i、P_i が女であるという命題を F_i と表わすことにする。P_i が火星人であることは $\sim V_i$ と、P_i が男であることは $\sim F_i$ と表わすことができる。さて、P_i が正しいことを言うのは P_i が金星人の女か火星人の男のときである。これは $(V_i \& F_i) \vee (\sim V_i \& \sim F_i)$ またはもっと簡単に $V_i \equiv F_i$ と表わせる。さて、P_i が X と述べたとすると、この状況は命題 $(V_i \equiv F_i) \equiv X$ が成り立っているということだ。

　したがって変換方法はこうなる。P_1 が X と述べたとすると $(V_i \equiv F_i) \equiv X$ が成り立つ。

　たとえば第5章の問題7（37ページ）を見てみよう。P_1 をオーク、P_2 をボッグとおくと、（変換方法により）次の4つの命題が成り立っている。

（1）　$(V_1 \equiv F_1) \equiv V_2$
（2）　$(V_2 \equiv F_2) \equiv \sim V_1$

（3） $(V_1 \equiv F_1) \equiv \sim F_2$
（4） $(V_2 \equiv F_2) \equiv F_1$

真理表を用いて V_1, F_1, V_2, F_2 の真理値を決定することができる。(命題変数が4つあるので、16通りの可能性を調べなければならない。)

Note この章で述べた変換方法によって、すべての問題が解けるわけではない。登場人物の述べたことから、それらの登場人物について推論するようなタイプの問題についてはこの方法で十分だが、ある事実を判定するために質問を考える、というタイプの問題にはさらに複雑な手法が必要だ。多くの問題に援用できる手法もいくつかあるが、これらを検討することはこの本の本題からはずれることになる。

練習問題の解答

1. 3人とも奇人。
2. 恒真式である。
3. 解答は読者にまかせる。
4. P_3 は騎士。
5. ウーナは島にいない。(そして住人は両方とも騎士である。)
6. ウーナは島にいる。(そして住人は両方とも騎士である。)
7. ウーナは島にいる。(A は騎士、B は奇人。)

第 8 章　論理的閉包と整合性

論理的結合子の相互定義可能性

　ここまで 5 つの論理的結合子（$\sim, \&, \vee, \supset, \equiv$）を用いて議論を進めてきたが、5 つのうちのいくつかで他のものを定義することも可能だ。このうちいくつかのやり方を、パズルの問題を通して見ていくことにしよう。

1

　頭のいい火星人が地球にやってきて、われわれの論理学を知りたがったとする。その火星人は、「……ではない」と「かつ」とは理解できるが「または」の意味が理解できないと言う。「……ではない」と「かつ」の 2 つを使って「または」の意味を彼に説明することは可能だろうか？
　言い方を変えてみよう。その火星人は、命題 p に対して $\sim p$ の意味もわかるし、命題 p と q に対して $p \& q$ の意味もわかる。だから、$\sim$ と $\&$ とだけを使って $p \vee q$ と論理的に同値な p と q の式を書くことができればよいのだが、これは可能だろうか？

2

　今度は金星人の女の人がやってきて、～と∨の意味はわかるが＆の意味がわからないと言っている。どうすれば～と∨で＆を定義できるだろうか？（つまり、$p, q, \sim, \vee$ を用いてつくられる $p \& q$ と論理的に同値な式とは何か？）

3

　今度は～, ＆, ∨を理解する木星人が、これらを使って⊃を説明してほしいと言っている。どうすればよいか？

4

　次にやってきた土星人は、不思議なことに～と⊃とはわかるが、＆も∨もわからないと言っている。どうすれば説明してあげられるだろうか？

5

　次にやってきた天王星人が理解する論理的結合子は⊃だけだ。これだけでは＆の意味も～の意味も説明不可能だが、∨は⊃だけで定義することができる。さて、その方法は？（この問題の解は自明ではない。これが可能だというのは論理学に古くから伝わっている事実だが、これを発見した論理学者が誰であるかははっきりしていない。）

6

　～, ＆, ∨を用いて≡を定義する方法を2通り考えよ。

7

　ある宇宙人は⊃と≡だけを理解しているとする。これだけでは、～の意味は説明不可能だが、＆の意味は説明可能だ。さて、その方法は？（私の知るかぎり、この方法は私がはじめて発見したものである。）

それ以外の2つの論理的結合子　これまで論理的結合子～, ＆, ∨, ⊃, ≡はすべて～と＆の2つから定義できることを見てきた。（または～と∨、～と⊃の組

み合わせでもよい。）1つの論理的結合子で、これら5つの論理的結合子をすべて定義できるようなものはあるのだろうか？　この問題は1913年に論理学者ヘンリー・シェファー（Henry M. Sheffer）によって解決された。彼の考案した $p\mid q$ は p と q が両方真ではないことを表わす。"$\mid$"という記号は**シェファー・ストローク**と呼ばれているが、$p\mid q$ は「p と q は両立しない」（少なくとも一方は偽である）と読んでもよいだろう。シェファーは、$\sim$, &, $\vee$, $\supset$, $\equiv$ がすべてこの記号から定義できることを示した。すべての論理的結合子を定義することができるもう1つの記号は↓である。これは**両否定**と呼ばれ、$p\downarrow q$ は「p と q は両方とも偽である」ということを意味する。

8

$\sim$, &, $\vee$, $\supset$, $\equiv$ それぞれをシェファー・ストロークで定義する方法を示せ。また、両否定で定義する方法を示せ。

論理定数⊥　命題 X はその否定 $\sim X$ が恒真式のとき**論理的に矛盾**している、または**論理的に偽**であるという。たとえば、任意の命題 p に対して $(p\&\sim p)$ や $p\equiv\sim p$ は論理的矛盾である。

　任意の論理的矛盾（どれでもかまわない）を記号"⊥"で表現することにする。どのような命題 p についても $\bot\supset p$ は恒真式である。（⊥は論理的偽なので、p の真偽にかかわらず $\bot\supset p$ は真になる。）したがってすべての命題は⊥の論理的帰結である。（もし⊥が真だったらたいへんだ。そんなことになったらすべてが真になって、世界が破裂してしまう！）

　多くの命題論理の体系では、$\supset$ と⊥の2つだけから理論を構築している。（他の論理的結合子はすべて、この2つから定義可能である。問題9参照。）本書で扱う問題に適しているため、ここでもその方法をとることにしよう。Tは $\bot\supset\bot$ と定義する。⊥は**論理的偽**と呼び、Tは**論理的真**と呼ぶ。（当然Tは恒真式である。）

9

$\supset$ と⊥ですべての論理的結合子を定義する方法を示せ。

論理的閉包

論理的に適格な機械　**論理的閉包**という重要な概念を説明するため、いろいろな命題を証明するようプログラムされたコンピュータを考えよう。この機械は証明した命題（厳密には，その命題を表わす文）をかたっぱしから印刷していき、放っておけば永久に動きつづける。

この機械が次の2つの条件を満たせば、それを**論理的に適格**であるという。

（1）　すべての恒真式はいつかは証明される。

（2）　命題 p と q について、もし p を証明し、また $p \supset q$ も証明したとしたら、遅かれ早かれ q を証明することになる。（この機械が p と $p \supset q$ という2つの命題から q を推論したと考えてもよい。もちろんこの推論は正しい。）

論理的に適格な機械には1つの重要な性質がある。次の問題でいくつかの例を示す。

10

ある機械が論理的に適格であるとき、

（a）　もしその機械が p を証明したとしたら、いつかは $\sim\sim p$ を証明するだろうか？

（b）　もしその機械が p を証明し、また q も証明したとしたら、遅かれ早かれ $p \& q$ という命題を証明することになるだろうか？

論理的閉包　論理学には**三段論法**という古くから知られた規則がある。p を証明し、$p \supset q$ を証明したら、そこから q を推論できるというものだ。命題の集合 C について次の条件が成り立つとき、**三段論法について閉じている**という。任意の命題 p と q について、もし p と $p \supset q$ が集合 C に含まれるならば q も C に含まれる。

命題の集合 C が次の条件を満たすならば、C は**論理的に閉じている**という。

条件1　Cはすべての恒真式を含む。

条件2　任意の命題 p と q について、もし p と $p \supset q$ がCに含まれるなら q もCに含まれる。

つまり、論理的に閉じている集合というのは、すべての恒真式を含み、三段論法について閉じている集合のことである。(「論理的に閉じている」という名前の理由はすぐに明らかになる。)

ある機械が論理的に適格であるとは、その機械が証明することができるすべての命題の集合Cが論理的に閉じた集合であるということにほかならない。しかし、機械が関係しない場合にも論理的に閉じた集合が出てくることがありうる。たとえば、あとで見ることになる数理システムでは、そのシステムで証明可能な命題が論理的に閉じた集合をなしている。また、本書で詳細に検討していくのは、信じている命題が論理的に閉じた集合になっている論理学者たちである。

論理的帰結　以前に、Y が X の論理的帰結であるとは $X \supset Y$ が恒真式のときである、と定義した。Y が2つの命題 X_1 と X_2 の論理的帰結であるとは、$X_1 \& X_2$ という命題の論理的帰結であることである。つまり $(X_1 \& X_2) \supset Y$ が恒真式であることである。(これは $X_1 \supset (X_2 \supset Y)$ が恒真式である、といっても同じことである。) Y が X_1, X_2, X_3 の論理的帰結であるとは、$((X_1 \& X_2) \& X_3) \supset Y$ または $X_1 \supset (X_2 \supset (X_3 \supset Y))$ が恒真式であることである。一般的に、有限の命題の集合 $X_1, \cdots, X_n$ について、Y がこの集合の論理的帰結であるとは、$(X_1 \&, \cdots, \& X_n) \supset Y$ が恒真式であることである。

論理的に閉じた集合が重要なのは、次の性質が成り立つことによる。

原理L(論理的閉包の原理)　もしCが論理的に閉じていれば、Cに含まれる任意の命題 $X_1, \cdots, X_n$ について、これらの論理的帰結はすべてCに含まれる。

Discussion　論理的に適格な機械の例に戻れば、原理Lの意味するところは、もしその機械が命題 p を証明したとしたら遅かれ早かれ p の論理的帰結を

すべて証明するということである。さらに、命題pとqとを証明したとしたら、遅かれ早かれpとqの論理的帰結をすべて証明するということである。これは有限数の命題すべてについて成り立つ。

論理的に閉じた集合としての信念をもつ論理学者についても、同じことがいえる。もし彼がpを信じたなら、遅かれ早かれpの論理的帰結をすべて信じるだろう。もし彼がpとqを信じたなら、pとqの論理的帰結をすべて信じるだろう、等々。

11

原理Lが正しいことを示せ。

12

論理的に閉じた集合がもつもう1つの重要な性質は、もしCが論理的に閉じていてある命題pとその否定$\sim p$を含むなら、Cはすべての命題を含んでいる、ということだ。

これはなぜか？

整合性

最後の問題は**整合**という重要な概念に関するものである。論理的に閉じた集合Cは⊥を含むならば**不整合**、⊥を含まないならば**整合**であると呼ばれる。

論理的に閉じた集合は次の重要な性質ももっている。

原理C Cが論理的に閉じた集合だとすると、次の3つの条件はどれも同値である。(どの1つを仮定しても他の2つが導かれる。)

(1) Cは不整合である。(⊥を含んでいる。)
(2) Cはすべての命題を含んでいる。
(3) Cはある命題pとその否定$\sim p$を含んでいる。

第8章 論理的閉包と整合性 67

Note 論理的に閉じていない集合Sに関しては、⊥がSの有限な部分集合 $X_1, \dots, X_n$ の論理的帰結であるとき不整合であるという。(ちなみにこれは「すべての命題がある有限な部分集合の論理的帰結であるとき」というのと同値である。)しかし、われわれが扱うのはすべて論理的に閉じた集合である。

13

原理Cを証明せよ。

解答

1.「p と q のうち少なくとも一方は真である」ということは、「p と q とが両方偽であるということはない」ということと同じことだ。つまり $p \lor q$ は $\sim(\sim p \,\&\, \sim q)$ と同値である。火星人は $\sim$ と & とは理解できるのだから、$\sim(\sim p \,\&\, \sim q)$ もわかるはずだ。したがって火星人にこう説明すればよい。「私が『p または q』と言ったらそれは『p ではなくかつ q ではない、ということはない』という意味である。」

2.「p と q が両方とも真だ」ということは「p または q が偽であることはない」ということと同じである。つまり、$p \,\&\, q$ は $\sim(\sim p \lor \sim q)$ と同値である。

3. これには何通りかのやり方がある。$p \supset q$ は $\sim p \lor (p \,\&\, q)$ とも同値だし、その他にも $\sim(p \,\&\, \sim q)$ とも $\sim p \lor q$ とも同値だ。

4. $p \lor q$ は $\sim p \supset q$ と論理的に同値だ。これで、$\sim$ と $\supset$ を用いて $\lor$ を定義することができた。さらに、$\sim$ と $\lor$ があれば、問題2の解答より & も求めることができる。つまり、$p \,\&\, q$ は $\sim(p \supset \sim q)$ と同値だ。

5. この問題は難しい。$p \lor q$ が $(p \supset q) \supset q$ と同値だということは、真理表を用いれば確かめることができる。

6. $p \equiv q$ はもちろん $(p \supset q) \,\&\, (q \supset p)$ と同値だが、$(p \,\&\, q) \lor (\sim p \,\&\, \sim q)$ ともま

た同値だ。

7. 実はこの問題はすでに前章で解いている（24ページの騎士と奇人に関する3番めの問題）。$p \& q$ は $p \equiv (p \supset q)$ と同値だ。

8. シェファー・ストロークから他の論理的結合子を導く方法は以下のとおり。まず、$\sim p$ は $p \mid p$ と定義できる。（$p \mid p$ は、p と p の2つの命題のうち少なくとも一方が偽であるという命題だが、2つの命題は両方とも p だから、これは p が偽という命題になる。）これで $\sim$ が求められたので、$p \& q$ は $\sim (p \mid q)$ と定義できる。（$p \mid q$ は、p と q のうち少なくとも一方が偽であるという命題だから、その否定 $\sim (p \mid q)$ はどちらも偽でない、つまり両方真であるという命題である。）これで $\sim$ と & が得られたから、これらから $\vee$ が導け（問題1）、次に $\supset$ と $\equiv$ も導ける（問題3と6）。このようにして、シェファー・ストロークから $\sim$, &, $\vee$, $\supset$, $\equiv$ を導くことができる。

　シェファー・ストロークでなく両否定 $\downarrow$ から出発した場合には、次のようにすればよい。まず $\sim p$ を $p \downarrow p$ と定義し、次に $p \vee q$ を $\sim (p \downarrow q)$ と定義する。$\sim$ と $\vee$ から & を定義することができ（問題2）、あとはさきほどと同様にしてすべての論理的結合子を導くことができる。

9. $\sim p$ は $p \supset \bot$ と同値なので、$\supset$ と $\bot$ から $\sim$ を導くことができる。$\sim$ と $\supset$ が得られたら $\vee$ と & が導け（問題4）、次に $\supset$ と & から $\equiv$ が得られる。

10. （a）その機械が p を証明したとする。いつかは $p \supset \sim\sim p$ という命題も証明するだろう（これは恒真式だから）。したがって、論理的適格性の2つめの条件により、いつかは $\sim\sim p$ も証明する。

　（b）その機械が p を証明し、また q も証明したとする。さて、$p \supset (q \supset (p \& q))$ という命題は恒真式なのでいつかは証明されるだろう。機械が p と $p \supset (q \supset (p \& q))$ とを証明したら、$q \supset (p \& q)$ を証明するはずだ。そしてさらには $p \& q$ を証明するはずだ。（すぐわかるように、この問題は次の問題の特別な例にすぎない。）

11. まずn=1の場合を考える。X_1 がCに含まれ、Y が X_1 の論理的帰結だとする。すると $X_1 \supset Y$ は恒真式だから(条件1により)Cに含まれる。X_1 と $X_1 \supset Y$ が両方ともCに含まれているから、(条件2により)Y も含まれる。

次にn=2の場合を考える。X_1 と X_2 がCに含まれ、Y が X_1 と X_2 の論理的帰結だとする。すると $(X_1 \& X_2) \supset Y$ が恒真式だから $X_1 \supset (X_2 \supset Y)$ も恒真式であり(読者が確かめてみられよ)、したがってCに含まれる。X_1 と $X_1 \supset (X_2 \supset Y)$ が両方ともCに含まれるから、(条件2により)$X_2 \supset Y$ も含まれる。X_2 と $X_2 \supset Y$ がCに含まれるから、(ふたたび条件2により)Y も含まれる。

n=3の場合については、Y が X_1, X_2, X_3 の論理的帰結だとすると、$(X_1 \& X_2 \& X_3) \supset Y$ と同値な $X_1 \supset (X_2 \supset (X_3 \supset Y))$ が恒真式である。条件2を3回使うことによって、$X_2 \supset (X_3 \supset Y)$ がCに含まれること、$X_3 \supset Y$ がCに含まれること、そして最後に Y がCに含まれることが導かれる。

この証明が任意の正の整数nに対して一般化できることは、明らかであろう。

Note 問題10はこの問題の特別な例にすぎないと述べた。つまり、$\sim\sim p$ は p の論理的帰結だから、p を含む論理的に閉じた集合は $\sim\sim p$ も含んでいるはずだということだ。また、$p \& q$ は p と q の論理的帰結だから、p と q を含む論理的に閉じた集合は $p \& q$ も含んでいる。

12. p とその否定 $\sim p$ が両方ともCに含まれ、Cは論理的に閉じているとする。まったく任意の命題 q に対して $(p \& \sim p) \supset q$ は恒真式である。(真理表で調べてもよいし、$p \& \sim p$ が偽だから $(p \& \sim p) \supset q$ は真であると考えてもよい。) したがって q は2つの命題 p と $\sim p$ の論理的帰結であり、原理Lにより命題 q もCに含まれなければならない。つまり、任意の(すべての)命題がCに含まれてしまう。

13. 3つの条件がすべて同値であることを、(1)⇒(2)、(2)⇒(3)、(3)⇒(1)の3つによって示す。

(1)が成り立つとすると、すべての命題は⊥の論理的帰結であり⊥がCに含まれるから、(原理Lにより)すべての命題はCに含まれる。したがって(2)が成り立つ。

(2)から(3)が導かれるのはまったく自明である。もしすべての命題がCに含まれるならば、Cは任意の命題pとその否定～pの両方を含んでいる。

(3)が成り立つとする。つまり、ある命題pとその否定～pが両方Cに含まれるとする。⊥はpと～pの論理的帰結だから、(原理Lにより)Cに含まれる。つまり、Cは不整合である。

Ⅳ　慎重にいこう

Ⅵ 実験について

第9章　パラドックス？

　やっと、ゲーデルの整合性のジレンマへ通じる道を旅するための準備が整った。その道の途中で、たくさんのおもしろい問題に遭遇するであろう。まず最初に、第2章に出てきた「抜きうちテストのパラドックス」の類例に大いに関係のある問題から始めよう。
　今、騎士と奇人の島に帰ってきた。そこでは次の命題が成り立っている。(1) 騎士は本当のことしか言わない。(2) 奇人はまちがったことしか言わない。(3) すべての住人は騎士か奇人のどちらかである。これらの命題は一緒にして、「島の規則」と呼ばれる。
　ここで、思いだすのは、住人は誰も自分が騎士ではないとは言わないということである。なぜなら、騎士は自分が騎士ではないなどとまちがったことを言わないし、奇人は自分が騎士ではないなどと本当のことを言わないからである。
　今、仮りに、ある論理学者がその島を訪れ、その住人に次のようなことを言われたとする。「あなたは私が騎士であると知ることはないでしょう。」
　このときわれわれはパラドックスに陥ってしまうだろうか？　考えてみよう。論理学者は次のように推論を始めた。「彼が奇人だとすると、彼の言っていることはまちがっている。つまり、私はいつか彼が騎士であることを知ることになる。しかし彼が本当に騎士でなければ、私は彼が騎士であることを

知ることはありえない。つまり、彼が奇人ならば、彼は騎士でなければならない。これは矛盾する。したがって彼は奇人ではありえない。したがって、彼は騎士でなければならない。」

ここまではよい。何の矛盾もない。しかし、次のように推論を進めたとする。「今、彼が騎士であることを知った。彼が私はそれを知ることはないだろうと言ったにもかかわらず。つまり、彼の言ったことはまちがっている。これは彼が奇人でなければならないことを意味する。これはパラドックスだ！」

問題 これは本当のパラドックスだろうか？

Discussion この問題にはたくさんの分析が必要である。まず、このパラドックス（もし、本当にそうだとすると）は、純粋に論理的なものというより、**語用論的**パラドックスと呼ばれるものである。それは、この問題は真だとか偽だとかいう論理的言明以外に、「**知っている**」という語用論的言明をも含んでいるからである。この問題の語用論的性質を強調すれば、あることを言われた人によって、パラドックスが起こったり起こらなかったり、なんてことはありうるのだろうか？　それは確かにありうる！　極端な例でいうと、住人が死人に向かってそういうことを言うことも可能である。（彼は死体を指さしてこう言った、「あなたは、私が騎士であることを知ることはないだろう。」死体は確かに彼が騎士だと知ることはないから、彼の言うことはまったく正しい。彼の言うことは正しいから、その住人は騎士である。しかし、死体はそのことを知ることはないから、矛盾は起こらないのである。）これほど極端でない例をあげると、住人がこのことを、生きてはいるが耳の聞こえない人に言ったとすると、相手は彼の言うことが聞こえないわけであるから、ここでもパラドックスは生じない。

そこでわれわれは、この島を訪れる人が生きていて耳の聞こえる人であるという仮定を立てなければならない。しかし、それでは不十分である。われわれは、訪問者側にある程度の推論の能力をもつことを仮定しなければならない。なぜなら、もし、訪問者がまったく推論能力をもたないならば、島の住人が言ったことを考慮しないからである。（住人が「あなたは私が騎士であ

ることを知ることはないでしょう」と言っても、その訪問者は「それはおもしろいね」と言って歩き去ってしまい、そのことを2度と考えることがなかったならば、やはりパラドックスは起こらないのである。）そのため、論理学者がもつ推論能力を明確にせねばなるまい。

われわれは、次のような人を**1型の推論者**であると定義する。

その人は、命題論理を完全に理解する者、つまり、次の2つの条件を満たす者である。

（1） その人はすべての恒真式を信じている。

（2） 任意の命題 X, Y に関して、その人は X と $X \supset Y$ を信じるならば、Y を信じる。

第8章の用語を使うなら、1型の推論者の信じる命題の集合は、論理的に閉じている。また第8章の原理Lより、彼が信じる命題の有限集合Sを任意に与えられたならば、彼はSのすべての論理的帰結を同様に信じなければならない。

ここで、島の訪問者が1型の推論者であるという仮定を立てる。もちろん、この仮定は高度に理想化されたものである。それは、無限に多くの恒真式が存在するため、推論者側に何か不死のようなものを含意するような仮定を立てていることになる。しかしながら、時間のない数学の世界において、そのようなことは問題にならない。単純に、推論者は次のようにプログラムされている、と想像する。(1) 遅かれ早かれ、その人はすべての恒真式を信じることになる。(2) その人が、もし p を信じていて、$p \supset q$ を信じているならば、遅かれ早かれ彼は q を信じることになる。このとき、第8章の原理Lより、任意の有限の命題集合Sが与えられて、ある推論者がSのすべての命題を信じているならば、Sの論理的帰結である任意の命題 Y に関して、その推論者は遅かれ早かれ Y を信じることになる。

われわれにはさらに仮定が必要である。われわれは推論者側に、ある種の自意識を仮定しなければならない。とくに、もし推論者が何かを知っているとき、彼は自分がそのことを知っていることを知っていなければならない。

(さもなくば、「今、私は彼が騎士であることを知っている」などと彼が言うことはないし、それでは私の議論が前に進まないのである。)

　これらの仮定をすべてふまえた上で、問題を考えてみよう。これで、本当のパラドックスが起こるであろうか？　まだ起こらない。この島の規則(すべての住人は騎士か奇人であること。騎士は本当のことしか、奇人はまちがったことしか言わないこと)が成り立つことをあなたに言ったとしても。ここで、さらに仮定を立てなければならない。それは、推論者が、島の規則が成り立つことを「信じている」ことである。実際、推論者が最初はこのことを信じているであろうことは完璧に理にかなったことである。しかし、推論者は、私が与えた論議のあとに自分が矛盾に陥ってしまったことに気がついたとき、この島の規則を「疑う」ことの合理的な根拠をもつことになるかもしれない。(私には、あなたや私がこのような状況に陥ってしまったと気づいたとき、そうなるように想像されるのだ！) よし、この問題が本当におもしろくなるように、次のような最後の仮定を立てよう。推論者は、島の規則を「信じ」そして「信じつづける」という仮定である。

1

　さあ、次のおもしろい問題を考えてみよう。前に立てた追加の仮定のもとで、推論者の結論である「島の住人は騎士である」というのと「島の住人は奇人である」というのはともに完全に正当であると思われる。しかし、住人が騎士であり、奇人であるというのは不可能である！　推論者の考えは、どこがまちがっているのだろうか？

解答　私は、わざと誤解が生じるような言い方をしたのである。(ときどき、私は少しいじわるをしてみたくなるのだ！) 悪いのは、推論者の考えではない。むしろ、私の言った状況が起りえないということのほうなのだ。もし1型の推論者が騎士と奇人の島を訪れ、島の規則を信じている(そして、言われたことを聞きもらすことはない)としたら、どんな住人も「あなたは、私が騎士であることを永遠に知ることはないでしょう」とその人に言うことは論理的に不可能である。

このことを証明するために、これまでに立てた仮定は1つも必要ない、すなわち、もし推論者が何かを知っているならば、彼は自分がそのことを知っていることを知っているという仮定さえいらない。この仮定がなくても、次のように矛盾に達するのである。推論者は次のように推論する。「彼が奇人だとすると、彼の言っていることはまちがいだから、私は彼が騎士であることを知ることになる。つまり、彼は本当は騎士であることになる。したがって、彼が奇人であるという仮定は矛盾するから、彼は騎士でなければならない。」

この論理学者の推論過程を深く追求することなく、矛盾に達してしまった。論理学者は、ここまでは正しい推論を行い、その住人は騎士であるという結論を導いた。彼は正しい推論をしたのだから、その住人は騎士であるはずであり、推論者はその住人が騎士であることを「知っている」はずである。しかし、その住人は彼がそのことを知ることはないと言った。これより、その住人は奇人でなければならない。したがって、その住人は騎士であると同時に奇人である。これは、矛盾である。

「知る」という言葉のかわりに、「正しく信じる」という言い方もできる。これを次のようにいおう。ある人が命題 p を信じ、かつ p が真ならば、彼は p を「**正しく信じる**」。

ここで、定理1を考える。

定理1 騎士と奇人の島があり、その島の規則を信じる(そして、島の住人の話を聞く)1型の推論者がいるとする。すべての住人は彼に向かって、「あなたは私が騎士であることを正しく信じることはないでしょう」ということは論理的に不可能である。

Discussion 批判的読者ならば、私が推論者について明示的に彼に託した能力以上のものをもっていると信じているという理由で、上の定理に対する私の証明に異議を唱えるであろう。すなわち、推論者は仮定を立て、また後にそれを無効にするという点である。ある特殊な場合に、推論者は次のように推論を始める。「彼が奇人であるとすると、〜。」確かに、これは、たんに便宜上のことであって、必然ではない。私は、推論者の論議を次のようにより直

接的な形で考察することもできたのである。「もし彼が奇人ならば、彼の言うことは偽である。もし彼の言うことが偽ならば、私は彼が騎士であると正しく信じる。もし私が彼が騎士であると正しく信じるならば、彼は騎士である。これらの事実をまとめると、もし彼が奇人ならば、彼は騎士である。これより、彼が騎士であることが論理的に導かれる。」

論理において、p が真であることを仮定して q であることを導出することによって、$p \supset q$(もし p ならば q)という命題を証明するやり方は、よく用いられる。これがうまくいけば、命題 $p \supset q$ が成立する。いいかえると、p を前提として仮定すると、q が結論として導かれるならば、命題 $p \supset q$ が証明される。(このやり方は**自然演繹**と呼ばれるものの一部である。)重要な点は、このやり方を用いて証明されるすべてのことは、それを用いなくても証明できることである。(論理学において、この現象に対するよく知られている定理がある。それは、**演繹定理**と呼ばれる。)そして、そのため、われわれは推論者が自然演繹を用いるのを許そう。これを行う1型の推論者は、自然演繹を用いないときより、多くの事実を証明できるわけではない。しかし、自然演繹を用いた推論は、簡潔で、導出しやすい。したがって、推論者は今後も自然演繹を用いるものとする。

2. 双対問題

われわれは、推論者が1型で、島の規則を信じ、言われたことはすべて聞くものと、これからも仮定することにしよう。

もし島の住人が「あなたは、私が騎士であると正しく信じることはないだろう」と言うかわりに、「あなたは、私が奇人であると正しく信じるだろう」と言ったとすると、やはり矛盾に陥るだろうか?(読者はこの問題を、解答を見る前に解いてみるとよい。)

解答 推論者は次のように推論する。「彼を騎士と仮定しよう。すると、彼の言ったことは本当で、それは、私が彼が奇人であると正しく信じることを意味している。とすると、それは彼が奇人であることを含意している。したがって彼が騎士であるという仮定は矛盾を生じる、つまり彼は奇人でなければ

ならない。」

　この時点で、推論者は住人が奇人であると信じている。そして、彼は正しく推論した。つまり、住人は奇人である。一方、推論者は住人が奇人であると正しく信じているのであるから、住人は本当のことを言ったのであり、これより彼は騎士であることになる。これで、われわれは本当に矛盾に陥ったことになる。

関連した問題

　ここしばらくは、騎士と奇人の島から離れて、第3章のパラドックスに関連した問題を考えてみよう。ある生徒が神学の教授に尋ねた。「神は本当にいるのですか？」 教授は次のような奇妙な答をした。「君が神の存在を正しく信じないなら、そしてそのときにかぎり神は存在する。」

3

　その生徒が1型の推論者であり、教授の言ったことは正しく、生徒はその言ったことを信じていると仮定しよう。
　われわれはパラドックスに陥るだろうか？

解答　そのとおり。まず、生徒が1型の推論者で、彼が教授の言ったことを信じているということを忘れたとしても、神は存在しなければならないことが導かれる。なぜなら、もし神が存在しなければ、生徒は神が存在すると正しく信じることになるが、しかし、誰も誤った命題を正しく信じることはできない。したがって、神は本当に存在する（教授の言ったことが正しいと仮定すると）。
　さて、1型の推論者である生徒は、あなたや私同様、命題論理をよく知っていて、そのため彼は、もし教授の言うことが正しければ、神は存在しなければならないということを推論することができる。彼は教授の言ったことを信じているのであるから、彼は神は存在すると信じなければならない。つまり、(3つの仮定のもとで) 神は存在すると証明したことになるから、生徒は神が

存在すると正しく信じることになる。しかし生徒が神が存在すると正しく信じないならば、そしてそのときにかぎり神は存在する。だから生徒がそれを正しく「信じる」ならば、そしてそのときにかぎり神は存在しない。(任意の命題 p と q に関して、命題 $p \equiv \sim q$ は命題 $\sim p \equiv q$ と論理的に同値である。)生徒が神が存在すると正しく信じるならば、そしてそのときにかぎり神は存在しない以上、生徒は神が存在すると正しく信じているのであるから、神は存在しないことになる。したがって、3つの仮定から「神は存在し、かつ存在しない」というパラドックスに到達することになる。

　もちろん、教授が「あなたが神が存在しないと正しく信じるならば、そしてそのときにかぎり神は存在する」と言ったとしても、同じパラドックスが発生する。われわれは、これの証明を読者への課題として残しておこう。

　さて、われわれにとって、このパラドックスは騎士と奇人の島に関する問題1と現われ方が違うだけで、本質的に同じであることを示すことが重要である。違うと思われる点は、(1) 上のパラドックスでは、教授は「〜ならば、そしてそのときにかぎり」と言っているが、問題1では、住人はそんなことは言っていない。彼は、推論者は住人が騎士であると正しく信じることはない、と言っているだけである。(2) 上のパラドックスでは、生徒は教授を信じているが、問題1では、推論者が住人が騎士であるとはじめから信じているわけではない。しかしながら、これらの違いは、ある意味でお互いに打ち消しあうものである。それをこれから示す。そのためのカギは、第7章の変換方法にある。

　実際には、すべての問題は、2人の人間だけを対象にしたものであった。つまり、問題を与える島の住人と、それを考える推論者である。これから、問題の住人が騎士であるという命題を表わすのに、k という文字を使う。このとき、第7章にあるように、住人が命題 q を主張するときはいつでも命題 $k \equiv q$ は真である。今、推論者は島の規則を信じ(彼は、騎士は正しいことを言い、奇人はまちがったことを言うと信じている)、われわれは、彼は自分に向けられたあらゆることを聞くと仮定する。したがって、いつ住人が命題 q を推論者に主張しようと、推論者は $k \equiv q$ を信じている。そこで、これから島の規則が成り立っているというときは、任意の命題 q に関して、島の住人が q を言

ったとき、命題 $k≡q$ が真であることはいちいち言わないことにする。また、推論者が島の規則を信じている（そして、彼が言われたことをすべて聞く）と言ったとき、任意の命題 q に関して、住人が q と推論者に言ったとき、推論者は命題 $k≡q$ を信じているとは、いちいち言わない。任意の命題 p に関して、Bp を推論者が p を信じている（あるいは信じる）という命題とする。また、Cp を命題 p&Bp とする。われわれは、Cp を「推論者は p を正しく信じている」と読む。

さて、問題1では、住人は命題 $\sim$Ck（あなたは、私が騎士であると正しく信じることはない）と言った。島の規則が成り立っているから、命題 $k≡\sim$Ck は真である。推論者は島の規則を信じているから、彼は命題 $k≡\sim$Ck を信じている。それら2つの事実は、論理的に相いれないものであるから、パラドックスが生じる。

問題3では、g を神が存在するという命題とする。教授はまさに命題 $g≡\sim$Cg を言ったのである。教授は正しいことしか言わないという仮定をすると、命題 $g≡\sim$Cg は正しいはずである。生徒は教授を信じていたから、彼は命題 $g≡\sim$Cg を信じていた。$g≡\sim$Cg が真であることは、生徒が $g≡\sim$Cg を信じていることとは論理的に相いれない（生徒が1型の推論者であるから）。

われわれは、2つのパラドックスが共通点をもつことがわかった。両方の場合で、ある命題 p（問題1では k、問題3では g に対応する）があり、$p≡\sim$Cp が真であり、それを推論者が信じている（いいかえると、推論者はそれを「正しく」信じている）。そして、それは推論者が1型ならば論理的に不可能である。つまり、両方のパラドックス（あるいは、それらの帰結と与えられた条件が論理的に相いれないこと）は、次の定理の特殊な場合である。

定理A 1型の推論者が $p≡\sim$Cp を正しく信じられるような命題 p は存在しない。いいかえると、1型の推論者が「ある命題が真であると私が正しく信じないならば、そしてそのときにかぎり真である」と正しく信じられるような命題は存在しない。

定理Aの証明は、すでに考えた2つの特別な場合のくりかえしに近いが、それは、この問題を、より一般的な場合において考察し、そのおもしろい性

質を見いだすのに役に立つのである。

　まずはじめに、任意の命題 p と q に関して、命題 $(p\equiv\sim(p\&q))\supset p$ は恒真式である。（検証は読者に委ねる。）とくに、命題 $(p\equiv\sim(p\&Bp))\supset p$ は恒真式である。$p\&Bp$ を Cp とすると、$(p\equiv\sim Cp)\supset p$ は恒真式である。今、1型の推論者が $p\equiv\sim Cp$ を正しく信じているとすると、次のような矛盾に陥る。推論者は $p\equiv\sim Cp$ を正しく信じているのだから、$p\equiv\sim Cp$ は真でなければならない。また、$(p\equiv\sim Cp)\supset p$ は真である（それは恒真式だから）から、p は真でなければならない。今、推論者は1型であるから、彼は恒真式 $(p\equiv\sim Cp)\supset p$ を信じ、$p\equiv\sim Cp$ も信じている（仮定より）、そして彼は1型だから、彼は p を信じる。また、p は真であり、彼は p を信じるから、彼は p を正しく信じる。したがって、Cp は真であり、$\sim Cp$ は偽である。しかし、p は真で、$\sim Cp$ は偽であるから、$p\equiv\sim Cp$ はありえない（真である命題と偽である命題は同値にはなりえない）。つまり、1型の推論者が $p\equiv\sim Cp$ を正しく信じるという仮定からは、矛盾が導かれる。

　同様に、次のような定理Aの**双対**定理が存在する。その証明は読者におまかせする。

定理A°　1型の推論者が $p\equiv C(\sim p)$ を正しく信じることができるような、命題 p は存在しない。

練習問題1　定理A°を証明せよ。

練習問題2　すべての命題 p にある命題 Bp を割りあてる、完全に任意の操作Bがあるとする。（Bp という命題が何かは、特定化される必要はない。この章では、Bp を推論者が p を信じるという命題としたが、あとの章では、推論者ではなく数学的公理系の話題に Bp を用いる。そこでは、Bp は公理系において p が証明可能であるという命題とする。しかしここでは、Bp は特定化しない。）Cp を命題 $(p\&Bp)$ とする。

　(a)　次の仮定から、論理的矛盾が導かれることを示せ。

(ⅰ) BX という形のすべての命題。ここで、X は恒真式。

(ⅱ) $(BX\&B(X\supset Y))\supset BY$ という形のすべての命題。

(ⅲ) $C(p\equiv\sim Cp)$ という形のある命題。

（b） もし、(ⅲ)を「$C(p\equiv C\sim p)$ という形のある命題」と置きかえても、論理的矛盾が導かれることを示せ。

（c） なぜ、定理 A は上の(a)の特別な場合なのか？ なぜ、定理 A° は(b)の特別な場合なのか？

第10章　問題はより深く

自信過剰の推論者

　われわれは、騎士と奇人の島に戻ってきた。今、住人が、「あなたは、私が騎士であることを正しく信じることはないだろう」と言うかわりに、「あなたは、私が騎士であることを信じることはないだろう」と言ったとしよう。住人は、「正しく」という言葉を使うのをやめた。そして、その結果、さらにおもしろいことになった。ここで、やはり推論者を1型と仮定し、彼は島の規則を信じ（そして、すべての言明を聞き）、島の規則は実際に成り立っていると仮定する。そして、今、さらなる仮定をおく。それは、推論者が完璧に正確な判断をし、偽であるいかなる命題も信じないというものである。それでも、われわれはパラドックスに陥るのだろうか？

　さて、住人が奇人であるとしよう。このとき、彼の言明は偽であり、それは、推論者が彼が騎士であると信じることを意味する。しかし、推論者は正確な判断をすることから、住人は実際に騎士である。したがって、住人が奇人であるという仮定からは、矛盾が導かれる。つまり、住人は騎士でなければならない。

　さて、推論者は1型であり、あなたや私と同じくらいよく論理を知ってい

る。いま辿ったような同じ推論プロセス、同じ結論(つまり、住人が騎士でなければならない)から彼が逃れるすべなどどうしてあろうか？ したがって、推論者は住人が騎士であると信じることになる。それより、住人の言明は偽になる。つまり、住人は奇人でなければならない。しかし、前には住人は騎士であると証明した。これは、パラドックスだ！

1

　上の議論は誤りである！ 読者は、その誤りに気がついただろうか？(ヒント—推論者があなたや私と同じくらい命題論理を知っているとしても、推論者は知らなくて、われわれが知っていることがある。それは、何だろうか？)

解答　私は、推論者はつねに正確であると言ったが、彼が正確であることを彼が「知っている」とは言っていない！ もし、彼が正確であることを彼が知っている(実際は、そんなことは不可能である)ならば、われわれはパラドックスに陥る。おわかりのように、住人が騎士であるというわれわれの証明のある部分で、推論者はつねに正確であるという仮定を用いた。もし、推論者が同じ仮定をすれば、彼は同様に住人が騎士であるという証明をすることができる。そこから、住人は奇人となる。

　さて、推論者がつねに正確な判断をすると仮定するのをやめることにする。しかし、推論者は自分がつねに正確であると信じていると仮定してみよう。したがって、任意の命題 p に関して、推論者はもし自分が p を信じているならば、p は真であるにちがいない、と信じている。そのような推論者を**自信過剰**の推論者と呼ぼう。つまり、自信過剰の推論者は偽であるどんな命題も信じることができない人である。

　また、推論者はつねに正確であるという仮定をやめ、かわりに推論者は彼がつねに正確であることを「信じている」という仮定をおくと、やはりパラドックスに陥るだろうか？ いや、そうではない。そのかわりに、次のようなもっとおもしろい結果が得られる。

定理1 騎士と奇人の島の住人は1型の推論者に「あなたは、私が騎士であると信じることはないでしょう」と言ったとする。そのとき、もし推論者が自分がつねに正確であると信じているとすれば、彼は不正確に陥ってしまう。すなわち、彼はいずれ偽であることを信じることになる。

2

定理1を証明せよ。

解答 推論者は、次のように推論する。「彼が奇人であるとしよう。このとき、彼の言っていることはまちがいであるから、私は、彼が騎士であると信じることになる。しかし、もし私が彼が騎士であると信じているとすると、彼は実際にそうならなければならない。なぜなら、私はまちがいを犯すことがない(!?)から。だから、彼が奇人なら、彼は騎士であり、これは不可能である。したがって、彼は奇人ではないから、彼は騎士である。」

この時点で、推論者は、住人が騎士であると信じている。住人は推論者がそれを信じることはないと言ったのだから、住人は実際は奇人である。つまり、推論者はいまや住人が騎士であるというまちがった信念をもっていることになる。

おもしろいことに、もし推論者がもっと謙虚で、彼自身の誤りのなさを仮定していなければ、住人が騎士であるという信念の不正確さに陥ることはなかったのである。推論者は、自分の自信過剰に対して罰を受けたのである！

異常な推論者

今度は、もし推論者が命題 p を信じていることが p が真であることを含意するならば、いいかえれば、もし彼が p を信じているということがないか、彼が p を信じていてかつ p が真ならば、推論者は命題 p に関して**正確である**ということにしよう。また、推論者が p を信じていて、かつ p が偽であるとき、推論者は p に関して**不正確である**という。

前の問題で、次のことは注目に値する事実である。推論者は、彼自身が正

確であると信じている命題(つまり、住人が騎士であるという命題)、まさにその命題に関して不正確である。その命題に関して彼が正確であると信じることによって、彼は最終的に住人が騎士であると信じることになった、そのことにより住人は奇人になった。もちろん、住人が奇人であるというわれわれの証明は、島の規則が成り立っているという仮定に基づいている。この仮定をやめて、推論者は島の規則が成り立っていると「信じている」と仮定することにすると、やはり推論者は偽である命題を信じることになるだろうか？ もちろん、推論者は依然として、住人が騎士であると信じるだろう。住人がそうはならないだろうと言っているにもかかわらずである。しかし、もし島の規則が成り立たないとしたら、住人は必ずしも奇人ではない。だが、定理1のわれわれの証明が失敗するとしても、次のようなもっと驚くような命題があるのだ。

定理2 島に住んでいるある人が1型の推論者に次のように言ったとする。「あなたは、私が騎士であると信じることはないでしょう。」また、推論者は島の規則が成り立っていると信じているとする。このとき、島の規則が実際に成り立っているかどうかにかかわらず、もし推論者が自信過剰であれば、彼は偽である命題を信じることになる。

3

定理2の仮定のもとで、偽であるどんな命題を、推論者は信じることになるのだろうか？

解答 定理1の証明と同じように行うと、推論者は、住人が騎士であると信じることになる。この信念は必ずしもまちがいではない(島の規則が必ずしも成り立つとは限らないから)。しかし、推論者は次のように続ける。「彼は騎士なのだから、彼が言ったことは正しくなければならない。また、彼は、私が彼を騎士だとは信じないだろうと言ったのだから、私は彼が騎士であるとは信じない(私がそれを信じるということはない)。」

この時点で、推論者は、住人が騎士であると信じ、住人が騎士であると自

分が信じないことも信じてる。つまり、彼は、自分が住人を騎士だとは信じないというまちがった信念をもっていることになる(彼は住人が騎士であると信じているのだから)。

　上の結論は、実際はまったく奇妙なものである。推論者は、住人が騎士であると信じていると同時に、住人が騎士であると自分が信じていないと信じている。さて、このことは、心理的な奇妙さとはうらはらに、推論者側に論理的な不整合性をもたらさない。ある命題pがあって、推論者がpを信じるのと同時に彼がpを信じないことを信じているときに、この推論者が**異常**であるということにする。この条件から、この推論者は不正確であることがわかる(彼がpを信じないという偽の命題を信じているから)。つまり、異常な推論者は、自動的に不正確である。しかし、必ずしも不整合ではない。

　推論者が、ある命題pを信じていて、同時に自分がpを信じていないと信じているとき、彼はpに関して異常であるといおう。推論者は、彼がそれに関して異常であるような命題pが、少なくとも1つ存在するならば、そしてそのときにかぎり異常である。もし、推論者がpに関して異常ならば、彼は、必ずしもpに関してではなく、Bpに関しても不正確である。

　たとえ島の規則が実際に成り立つという仮定を取り除いたとしても、もし推論者がそれが成り立つと信じていて、彼が1型の推論者であり、住人が彼にその住人が騎士であるとは信じないだろうと言ったならば、そしてそのとき、推論者はその住人が騎士であるという命題に関して自分は正確であると信じているならば、彼のその信念は、彼がその住人が騎士であると信じているという命題に関して、彼を不正確にしてしまう。もし、島の規則が実際に成り立つならば、同様に、推論者はその住人が騎士であるという命題に関して不正確になる(すなわち、住人は実際は奇人であるのに、彼はその住人が騎士であると信じている)。

　もちろん、この同じ問題は、生徒と神学の教授との会話において定式化することもできる。1型の推論者である生徒に、教授は次のように言ったとしよう。「君が、神が存在すると信じないならば、そしてそのときにかぎり神は存在する。」また、生徒は、もし神が存在すると自分が信じているならば、神は

存在する、と信じているとする。このことは次のことを意味する。(1) もし生徒が教授を信じているならば、彼は神が存在すると信じることになり、また神が存在すると自分が信じないと信じることになる。(2) もし教授の言うことが正しいとすれば、神は存在しないが、生徒は神は存在すると信じている。

この問題の2つの意味は、次の定理の特別な場合である。

定理A ある命題 p があり、1型の推論者が命題 $p \equiv \sim Bp$ を信じていて、また $Bp \supset p$ も信じているとする。このとき、次のことが導かれる。

（a） 彼は p を信じていて、同時に彼が p を信じないと信じている（彼は p に関して異常である）。

（b） もし、$p \equiv \sim Bp$ が真ならば、p は偽であるが、彼は p を信じている。

証明 （a） 彼は $p \equiv \sim Bp$ を信じている。つまり、彼は $Bp \supset \sim p$ を信じる（それは、$p \equiv \sim Bp$ の論理的帰結である）。また、彼は $Bp \supset p$ も信じている（仮定より）。したがって、彼は $\sim Bp$ を信じなければならない（それは、$Bp \supset \sim p$ と $Bp \supset p$ の論理的帰結である）。しかし、彼は $p \equiv \sim Bp$ も信じているから、彼は p を信じなければならない（それは、$\sim Bp$ と $p \equiv \sim Bp$ の論理的帰結である）。これより、彼は p を信じ、かつ $\sim Bp$ を信じる（p を信じないことを信じる）。

（b） $p \equiv \sim Bp$ が真であるとすると、（彼は p を信じるので）$\sim Bp$ は偽であるから、偽である命題 $\sim Bp$ と同値である p も偽である。したがって、彼は p を信じるが、p は偽である。

練習問題 ある住人が自信過剰の1型推論者に、次のように言ったとする。「あなたは、私が奇人であると信じるでしょう。」このとき、(a) もし推論者が島の規則が成り立つと信じるならば、彼は住人が奇人であると信じ、同時に住人が奇人であると信じないと信じることになる。これを証明せよ。(b) もし島の規則が実際に成り立つならば、住人は実際は騎士である。これを証明せよ。

1* 型の推論者

1型の推論者に次のような性質を付け加えたものを、**1* 型**の推論者と呼ぶ。任意の命題 p と q に関して、彼が命題 $p \supset q$ を信じていれば、彼は、もし p を信じていれば、q も信じることを信じている。記号にすると、もし彼が $p \supset q$ を信じるならば、彼は $Bp \supset Bq$ も信じている、となる。

もし1型の推論者が $p \supset q$ を信じているなら、彼が p を信じれば q を信じることは真である、つまり $Bp \supset Bq$ は（彼が $p \supset q$ を信じていれば）真の命題である。1* 型の推論者が1型の推論者と異なる点は、もし彼が $p \supset q$ を信じていれば、命題 $Bp \supset Bq$ が真であるだけでなく、彼は $Bp \supset Bq$ を「**正しく**」信じている点である。つまり、1* 型の推論者は、ただの1型より、自意識を少し余分にもっている。

われわれは、今は1* 型である推論者が、島の規則を信じ、自分に言われることはすべて聞く、と仮定することにする。つまり、住人が命題 p を言ったとき、推論者は、命題 $k \equiv p$ を信じている。ここで、k は、住人が騎士であるという命題である。

次の事実は、ひじょうに重要である。

補題1[注]　住人が1* 型の推論者にある命題を言ったとする。このとき彼は、推論者が住人を騎士だと信じているならば住人が言ったことも信じている、ことを信じている。

問題4　この補題はどのように証明されるだろうか？

解答　（この証明は、ひじょうに単純である！）住人が推論者に命題 p を言ったとする。このとき、推論者は、命題 $k \equiv p$ を信じている。ならば、彼は $k \supset$

注）　補題は、以下に続く定理を証明するために、用いられる命題である。読者は、補題は「定理と呼ぶほどには威厳がない命題」だと思ってくれればいい。

p も信じている。なぜなら、$k \supset p$ は $k \equiv p$ の論理的帰結だからである。彼は、1* 型の推論者であるから、$k \supset p$ を信じていれば $Bk \supset Bp$ も信じている。

　私は、自分が誤りに陥らないと信じている推論者のことを、自信過剰と呼んだ。私はこれまで、ある人の自分が異常ではないという信念が、自信過剰な行為であるとはほとんど見なしてこなかった。もちろん、自分が異常ではないと仮定するのは、完全に理にかなっている。私は、ある人間が異常になることが心理学的にありうることであるかどうかさえ、よくわからない。人は、本当に何かを信じ、また自分がそれを信じないことを信じられるだろうか？　私は疑問に思っている。しかし、人が異常であることは、論理的には不可能ではない。

　いずれにせよ、人が自分自身の異常のなさを信じることは、自分自身の完全な正確さを信じることより、はるかに理にかなっている。したがって、次の定理は少し哀れである。

定理3　住人が 1* 型の推論者に次のように言ったとする。「あなたは、私が騎士であると信じることはないでしょう。」　このとき、もし推論者が自分は異常ではない（異常にはならない）と信じるならば、彼は異常になってしまうのである！

問題5　定理3を証明せよ。

解答　この証明は、その他の証明に比べて、かなり洗練されている。

　住人がこれを言い、自分が異常になることはありえないと推論者が信じているとしよう。補題1より、もし住人が騎士であると推論者が信じるならば、その住人が言ったことも信じることを、信じている。そのため、推論者は次のように推論する。「彼が騎士であることを私が信じているとすると、私は彼が言うことを信じることになる。すなわち私は、彼が騎士であると自分が信じないということを信じることになる。私は、彼が騎士であると信じ、また彼が騎士であると信じないことを信じることになる。これは、私が異常であ

るという意味である。つまり、もし私が彼は騎士であると信じるならば、私は異常になってしまう。私は異常になることはない(!?)から、私は彼が騎士であると信じることはない。彼は、私が彼のことを騎士であるとは信じないだろう、と言ったのだから、彼の言ったことは正しい。つまり、彼は騎士である。」

この時点で、推論者は住人が騎士であるという結論に達する少し前に、住人が騎士であると信じないという結論に達している。ゆえに、彼は異常さに陥ってしまった。

もちろん、このような命題は、次のようにより一般的な形で証明される。

定理B 任意の1*型の推論者に関して、もし彼が $p \equiv \sim Bp$ の形の任意の命題(私が p を信じないならば、そしてそのときにかぎり p が真である)を信じるとき、彼が異常さに陥ってしまうことがなければ、自分が異常ではないと信じることはできない。

教訓 もしあなたが1*型の推論者で、自分が異常ではないと信じたいならば、「私が p を信じないならば、そしてそのときにかぎり p が真である」のような命題を信じるのを拒絶することによって、異常にならずにすませることができる。とくに、もしあなたが騎士と奇人の島を訪問するとして(あるいは騎士と奇人の島についての話を聞くなら)、その住人から、あなたは彼が騎士であるとは信じないだろうと言われたならば、あなたが進むべきもっとも賢い道は、島の規則が成り立つことを信じるのを拒絶することである。

この本の後半では、われわれが数理システムについて学び、推論者の信念についてではなく、このシステムにおける証明可能性について話をするとき、$p \equiv \sim Bp$ を信じないことに相当する逃げ方が許されないことがわかる。

V 整合性のジレンマ

第11章　自分自身について推論する論理学者

　われわれはゲーデルの整合性のジレンマに近づいてきた。しかし、その前に、ただの1型より自意識の度合が高い推論者を考える必要がある。

自意識の度合を上げる

　これから2型、3型、4型の推論者を定義する。それらは、段階的に高まる自意識の度合に対応している。4型の推論者は、やがて幕を開けるドラマで重要な役割を果たす。

2型の推論者　1型の推論者が p と $p \supset q$ を信じているとする。このとき、彼は q を信じるだろう。このことは、命題 $(Bp \& B(p \supset q)) \supset Bq$ が1型の推論者にとって、真であることを意味する。しかし、推論者はこの命題が真であるとは、必ずしも知っているわけではない。では、もし1型の推論者が $(Bp \& B(p \supset q)) \supset Bq$ の形式のすべての命題を信じるとき、彼は2型の推論者であると定義する。(彼は、自分の過去、現在、未来にわたる信念の集合が三段論法において閉じていることを知っている。任意の命題 p と q に関して、彼は次のように信じている。「もし、私が p と $p \supset q$ を信じているならば、私は q も信じるだろう。」)

強調すべき点は、2型の推論者は、1型の推論者には必ずしも現われなかった種類の自意識をもつということだ。1型の推論者はpと$p \supset q$を信じれば、遅かれ早かれqを信じることになるが、2型の推論者は、もし自分がpを信じ、$p \supset q$を信じれば、自分がqを信じることを「知って」いる。

3型の推論者　これから、任意の命題pに関して、もし推論者がpを信じるならば、彼は自分がpを信じていることを信じている（pを信じれば、Bpも信じている）とき、その推論者は**正常**であるということにする。3型の推論者とは、2型の正常な推論者のことを意味するものとする。

　3型の推論者は、2型の推論者より自意識の度合が一段高い。

4型の推論者　正常な推論者は、自分が正常であるとは必ずしも知らない。もし推論者が正常ならば、任意の命題pに関して、命題B$p \supset$BBpは真である（もし、彼がpを信じれば、彼はBpを信じる）、しかし推論者はB$p \supset$BBpが真であることを必ずしも知らない。では、もしすべての命題pに関して、推論者が命題B$p \supset$BBpを信じる（すべての命題pに関して、推論者は次のことを信じる。「もし私がpを信じるならば、私は私がpを信じることを信じる」）ならば、推論者は自分が正常であると信じている、ということにする。実際、3型の推論者は正常である。4型の推論者とは、3型の推論者で、自分が正常であることを「知って」いる推論者のことを意味するものとする。したがって、任意の命題pに関して、4型の推論者は命題B$p \supset$BBpを信じている。

　前に述べたように、4型の推論者はこの本の中で重要な役割を果たす。4型の推論者の条件を以下に挙げてみよう。

（1 a）　彼はすべての恒真式を信じている。

（1 b）　もし彼がpと$p \supset q$を信じれば、qを信じる。

（2）　彼は(Bp&B($p \supset q$))$\supset$Bqを信じる。

（3）　もし彼がpを信じるならば、Bpを信じる。

（4）　彼はB$p \supset$BBpを信じる。

自意識をもつ推論者の基本的性質

われわれは、これから1型、2型、3型、そして4型の推論者について残りの章を通じて用いられるいくつかの基本的性質を紹介する。まず、2型の推論者について観察される簡単なことがらは、任意の命題 p と q に関して、命題 $(Bp\&B(p\supset q))\supset Bq$ は命題 $B(p\supset q)\supset(Bp\supset Bq)$ と論理的に同値であることである。なぜなら、任意の命題 X,Y,Z に関して、命題 $(X\&Y)\supset Z$ は $Y\supset(X\supset Z)$ と論理的に同値だからである。(読者は容易に検証できるだろう。) つまり、2型の推論者は $B(p\supset q)\supset(Bp\supset Bq)$ の形式のすべての命題を信じる。逆に、$B(p\supset q)\supset(Bp\supset Bq)$ の形式のすべての命題を信じる1型の推論者は、2型の推論者であるにちがいない。これを、事実1として記憶することにしよう。

事実1 1型の推論者は、もし、$B(p\supset q)\supset(Bp\supset Bq)$ の形式のすべての命題を信じるならば、そしてそのときにかぎり2型となる。

今、2型の推論者が $B(p\supset q)$ を信じるとする。事実1より、彼は、$B(p\supset q)\supset(Bp\supset Bq)$ も信じるし、1型でもあるから $Bp\supset Bq$ も信じる(それは、$B(p\supset q)$ と $B(p\supset q)\supset(Bp\supset Bq)$ の論理的帰結である)。このとき、事実1からの明白な帰結より、次のような系を得る。「もし2型の推論者が $B(p\supset q)$ を信じるならば、彼は $Bp\supset Bq$ を信じる。」

さて、2型の推論者に関して、少し複雑な次のような事実が導かれる。

1

任意の2型の推論者と任意の命題 p,q,r に関して、次のことを示せ。

(a) 彼は $B(p\supset(q\supset r))\supset(Bp\supset(Bq\supset Br))$ を信じる。

(b) もし彼が $B(p\supset(q\supset r))$ を信じるならば、彼は $Bp\supset(Bq\supset Br)$ を信じる。

2

もし3型の推論者が $p\supset(q\supset r)$ を信じるならば、彼は $Bp\supset(Bq\supset Br)$ を信じることを示せ。この事実は、のちにいろいろと応用される。

3. 規則性

前の章においてわれわれは、1型で、任意の命題 p, q に関して、$p\supset q$ を信じるならば $Bp\supset Bq$ を信じるという推論者である1*型の推論者を定義した。この2つめの条件に対して名前をつける。$p\supset q$ を信じるならば $Bp\supset Bq$ を信じる推論者を、**規則的**であると呼ぶ。

3型の推論者は、規則的である(ゆえに、1*型である)ことを証明せよ。

4

もし1型の規則的な推論者が $p\equiv q$ を信じるならば、彼は $Bp\equiv Bq$ を信じる。

5

規則性と正常性のあいだにはおもしろいつながりがある。1型の規則的な推論者に関して、もし彼が Bq を信じるような命題 q が1つでもあれば、彼は正常でなければならない。これはなぜだろうか？

6

p を信じて、q を信じる1型の推論者は $p\&q$ (それは、2つの命題 p と q の論理的帰結である)を信じるだろう。したがって、命題 $(Bp\&Bq)\supset B(p\&q)$ は任意の1型の推論者に関して、真である。これより3型の推論者に関しても、この命題は真である。

では、任意の3型の推論者は $(Bp\&Bq)\supset B(p\&q)$ を信じる(もし彼が p を信じて、q を信じるならば、彼は自分が $p\&q$ を信じることを知っている)ことを証明せよ。

整合性

　ある推論者が信じている(あるいは、これから信じるだろう)すべての命題の集合が整合な集合である場合、その推論者は**整合**であるという。また、彼の信念の集合が不整合な場合、彼は**不整合**であるという。任意の１型の推論者に関して、彼の信念の集合は論理的に閉じている。これより、第８章の原理Ｃから次の３つの条件が同値であることが導かれる。

(１)　彼は不整合である(彼は⊥を信じる)。
(２)　彼はある命題 p とその否定(～p)を信じる。
(３)　彼はすべての命題を信じる。

　もしある推論者が～Ｂ⊥を信じる(彼は自分が⊥を信じないことを信じる)ならば、その推論者は自分が整合であると信じている、という。また、もしある推論者がＢ⊥を信じる(彼は自分が⊥を信じることを信じる)ならば、その推論者は自分が不整合であることを信じている、という。不整合である１型の推論者は、自分が不整合であることを信じている(彼はすべてのことを信じるから)。ただし、自分が不整合であることを信じている推論者が必ずしも不整合であるわけではない(ただし、彼は少なくとも１つのまちがった信念をもっていることは導かれるが)。

　ある命題 p とその否定～p を信じている１型の推論者は不整合である(彼は⊥を信じる)、またそれより、１型の推論者に関して(Ｂp&Ｂ～p)⊃Ｂ⊥は真である。

7

任意の３型の推論者が命題(Ｂp&Ｂ～p)⊃Ｂ⊥を信じることを証明せよ。

Note　この問題は、次の章においてひじょうに重要である。それは、任意の命題 p に関して、３型の推論者は、もし自分が p と～p を信じれば、自分は不整合になることを知っていることを意味している。(４型の推論者は３型でも

あるから、このことは4型の推論者にも適用できる。)

不整合性と異常性 ある推論者がある命題 p を信じて、p を信じないことも信じているとき、彼は異常であると呼ばれることを思いだしてみよう。われわれは、異常な推論者が必ずしも不整合ではないと述べた。しかし、次の問題が示すように、任意の異常な3型の推論者は不整合である。

8

任意の異常で正常な1型の推論者が、必ず不整合になってしまう(これより、任意の異常な3型の推論者は、不整合でなければならない)ことを証明せよ。

練習問題1 上の問題によると、任意の命題 p に関して、命題 $(Bp \& B\sim Bp) \supset B\bot$ は3型の推論者にとって真である。これより、この命題は4型の推論者にとっても真である。任意の4型の推論者は命題 $(Bp \& B\sim Bp) \supset B\bot$ を正しく信じる(彼は、もし自分が異常ならば、自分が不整合であることを知っている)ことを証明せよ。

9. 小さなパズル

ある4型の推論者が $p \equiv Bq$ を信じているとする。このとき彼は $p \supset Bp$ を信じなくてはならないだろうか?

自意識の意識

4型の推論者は、それより下のタイプの推論者がもっていない1つのすばらしい性質をもっている。それは、これから正確に定義する意味において、自分が4型であることを知っているという性質である。たとえば、推論者が自分で知らずに3型であるということはありうるが、自分で知らずに4型であるということはありえないのだ。

ある推論者が、もし自分が BX (ここで、X は任意の恒真式)の形式のすべ

ての命題と $(Bp\&B(p\supset q))\supset Bq$ の形式のすべての命題を信じるならば、自分は1型であると信じるとしよう。もし $B((Bp\&B(p\supset q))\supset Bq)$ の形式のすべての命題も信じるならば、彼は自分が2型であると信じるとしよう。もし $Bp\supset BBp$ の形式のすべての命題も信じるならば、彼は自分が3型であると信じるとしよう。もし $B(Bp\supset BBp)$ の形式のすべての命題も信じるならば、彼は自分が4型であると信じるとしよう。各々のタイプに関して、推論者は自分がそのタイプであると信じ実際にそのタイプであるならば、その推論者は自分がそのタイプであることを知っているという。

自分が1型であることを知っている推論者が2型であることや、3型の推論者は自分が2型であることを知っている(3型の推論者が必ずしも自分が3型であることを知っているわけではない)ことは、容易に検証できる。同様に、ある推論者が自分は3型であることを知っているならば、そしてそのときにかぎり4型である。読者はこれらの事実の証明を試みるとよい。

次に続く問題は、もっとおもしろい。

10

4型の推論者が自分は4型であることを知っていることを証明せよ。

この問題はいくつかの理由でおもしろい。1つには、4型であることは推論者の階層の自然な終着点を表わしていることである。(たとえばタイプ5を定義しようとして、それを4型で自分が4型であることを知っている推論者と定義しても何にもならない。4型の推論者はすでに自分が4型であることを知っているから、新しく得るものは何もないのである。)

第2に、読者や私が4型の推論者に関して命題論理を用いて推論できることは、すべて4型の推論者が自分自身に関して推論できることだ。彼も命題論理を知っているし、自分が4型であることも知っているからである。

練習問題2 ある推論者が規則的であるということは、任意の命題 p と q に関して、命題 $B(p\supset q)\supset B(Bp\supset Bq)$ がその推論者にとって真であるということである。(命題 $B(p\supset q)\supset B(Bp\supset Bq)$ は、もし推論者が $p\supset q$ を信じるなら

ば、彼は Bp⊃Bq を信じるという命題である。）ある推論者は、もし彼が B(p⊃q)⊃B(Bp⊃Bq) の形式のすべての命題を信じるならば、自分は規則的であると信じるとしよう。

すべての4型の推論者は、自分は規則的であることを知っている（つまり、彼は規則的であり、かつ自分が規則的であることを信じている）ことを証明せよ。

練習問題3 もし4型の推論者が p⊃(Bp⊃q) を信じるならば、彼は Bp⊃Bq を信じることを証明せよ。（この問題の答は、第15章で知ることができる。）

解答

1. 推論者は2型であるとする。任意の命題 p, q, r について考える。

事実1より、その推論者は、次のことを信じる。(1) B(p⊃(q⊃r))⊃(Bp⊃B(q⊃r))。その理由は、任意の命題 X と Y に関して、2型の推論者は B(X⊃Y)⊃(BX⊃BY) を信じ、X を p に、Y を (q⊃r) に置きかえることによって上の命題が得られる。

また、事実1より、彼は (2) B(q⊃r)⊃(Bq⊃Br) を信じる。

次の命題は、(2)の論理的帰結である。(3) (Bp⊃B(q⊃r))⊃(Bp⊃(Bq⊃Br))。その理由は、任意の命題 X、Y、Z に関して、命題 (X⊃Y)⊃(X⊃Z) は Y⊃Z の論理的帰結であり（読者は容易に検証できるであろう）、X を Bp に、Y を B(q⊃r) に、Z を (Bq⊃Br) 置きかえると(3)は(2)の論理的帰結であることがわかる。

今われわれは、その推論者が(1)と(2)をともに信じていることがわかった。そして、B(p⊃(q⊃r))⊃(Bp⊃(Bq⊃Br)) は(1)と(2)の論理的帰結である。つまり、推論者はこの命題を信じる。これは(a)の証明になっている。

(b) 推論者が B(p⊃(q⊃r)) を信じているとする。(a)より、彼は、B(p⊃(q⊃r))⊃(Bp⊃(Bq⊃Br)) も信じる。これより、彼は Bp⊃(Bq⊃Br) を信じる。これは、前の2つの命題の論理的帰結であるからである。

Note もうこれ以降の問題では、このような詳細な証明は行わないことにす

る。読者はもう省略した証明過程を補い、簡潔な議論についてこれるだけの十分な経験を積んでいるはずである。

2. 3型の推論者が $p\supset(q\supset r)$ を信じていると考える。彼は正常であるから、$B(p\supset(q\supset r))$ を信じる。このとき、問題1の(b)より、彼は $Bp\supset(Bq\supset Br)$ を信じる。

3. 3型の推論者が $p\supset q$ を信じているとする。彼は正常だから、$B(p\supset q)$ を信じる。このとき、事実1の系より、彼は $Bp\supset Bq$ を信じる。これは、彼が規則的であることの証明になっている。

4. 1型の規則的な推論者が $p\equiv q$ を信じるとする。このとき、彼は、$p\supset q$ と $q\supset p$ をともに信じる(それらはともに $p\equiv q$ の論理的帰結である)。規則的であることから、彼は $Bp\supset Bq$ と $Bq\supset Bp$ をともに信じることになる。これより、1型であることから、彼は $Bp\equiv Bq$ を信じる(それは、前の2つの命題の論理的帰結である)。

5. 規則的な1型の推論者を考える。q を、その推論者が Bq を信じているような、ある命題とする。p をその推論者が信じている任意の命題とする。われわれは、彼が Bp を信じることを示せばよい。
　命題 $p\supset(q\supset p)$ は恒真式であるから(読者は検証してみるとよい)、推論者はそれを信じる。彼は仮定により p を信じるから、彼は $q\supset p$ を信じる。このとき、彼は規則的だから、彼は $Bq\supset Bp$ を信じる。ここで彼は Bq を信じるから、Bp を信じる。これは、彼が正常であることの証明になっている。

6. 3型の推論者のことを考えている。命題 $p\supset(q\supset(p\&q))$ は明らかに恒真式であるから、推論者はそれを信じる。このとき、問題1の(b)より、彼は $Bp\supset(Bq\supset B(p\&q))$ を信じるから、それと論理的に同値な命題 $(Bp\&Bq)\supset B(p\&q)$ を信じる。(任意の命題 X, Y, Z に関して、命題 $X\supset(Y\supset Z)$ は $(X\&Y)\supset Z$ と論理的に同値である。)

7. 命題$(p\&\sim p)\supset\bot$は恒真式であるから、3型の推論者は(たとえ1型であっても)それを信じる。問題3より3型の推論者は規則的だから、彼はB$(p\&\sim p)\supset$B$\bot$を信じる。また問題6より、彼は(Bp&B$\sim p$)$\supset$B$(p\&\sim p)$を信じる。この2つの命題を信じることから、彼はそれらの論理的帰結である(Bp&B$\sim p$)$\supset$B$\bot$を信じることになる。

Remarks 任意の命題qに関して、命題$p\supset(\sim p\supset q)$は恒真式である。したがって、上の議論で$\bot$のかわりに$q$に適用すれば、3型の推論者は(B$p$&B$\sim p$)$\supset$B$q$を信じることになる。

8. これは明白である。もし正常な推論者がpを信じるならば、彼はBpを信じる。もし、彼が$\sim$Bpも信じ、かつ1型なら、彼は不整合になってしまう。したがって、もし1型の正常な推論者がpと$\sim$Bpを信じるならば、彼は不整合になる。

練習問題1の解答 4型の推論者はB$p\supset$BBpを信じる。したがって、彼はその論理的帰結である(Bp&B$\sim$Bp)$\supset$(BBp&B$\sim$Bp)を信じる。彼はまた(BBp&B$\sim$Bp)$\supset$B$\bot$も信じる。($\sim$BpはBpの否定であるから、問題7で、pをBpに置きかえると得られる。)命題(Bp&B$\sim$Bp)$\supset$B$\bot$は前の2つの命題の論理的帰結であるから、彼はそれを信じる。

いいかえると、4型の推論者は次のように推論することができる。「私がpを信じ、かつ$\sim$Bpを信じているとすると、私はpを信じているのであるから、私はBpも信じる。つまり私はBpと$\sim$Bpの両方を信じるのであるから、私は不整合である。これより、もし私がpと$\sim$Bpを信じるならば、私は不整合になってしまう。」

9. 4型の推論者が$p\equiv$Bqを信じているとする。彼は3型でもあるから、問題3より、彼は規則的であり、B$p\equiv$BBqを信じる。これより、彼はBB$q\supset$Bpを信じる。また彼は4型であるから、B$q\supset$BBqも信じる。これより、命題論理により、彼はB$q\supset$Bpを信じる。$p\equiv$BqとB$q\supset$Bpより、彼は$p\supset$Bpを演

繹する。つまり、答はイエスである。

10. その推論者は4型であると仮定する。このとき、彼は4型の推論者を定義するすべての条件を満足する。われわれは彼がこれらの条件をすべて信じることを示せばよい。

（1a）任意の恒真式 X を考える。4型であることから（1型でもあるから）、彼は X を信じる。そのとき彼は正常であるから、彼は BX を信じる。したがって、任意の恒真式に関して、彼は BX を信じる。

（1b）彼が2型であるという事実から、彼が $(Bp \& B(p \supset q)) \supset Bq$ の形式のすべての命題を信じることが導かれる。

この時点で、彼は自分が1型であることを知っているということを、われわれは理解する。(これまでの議論より、任意の2型の正常な推論者、つまり3型の推論者は、自分が1型であることを知っていることになる。)

（2）彼は $(Bp \& B(p \supset q)) \supset Bq$ の形式のすべての命題を信じ、彼は正常であるから、彼は $B((Bp \& B(p \supset q)) \supset Bq)$ を信じる。

この時点で、彼は自分が2型であることを知っているということを示したことになる。(任意の3型の推論者は自分が2型であることを知っている。)

（3）推論者は4型であるから、彼は $Bp \supset BBp$ の形式の命題をすべて知っていることが即座に導かれる。(つまり、彼は自分が正常であることを知っている。)

この時点で、4型の推論者は自分が3型であることを知っているということを示したことになる。(しかし、3型の推論者は、必ずしも自分が3型であることを知っているわけではない。なぜなら、彼は自分が正常であると知っているとは限らないからである。)

（4）4型の推論者は、$Bp \supset BBp$ を信じ正常であるから、$B(Bp \supset BBp)$ を信じる。

今、4型の推論者は、自分が4型であることを知っているということを示したことになる。(すなわち、彼は4型を特徴づけるすべての命題を知っている。)

練習問題2の解答　4型の推論者を考える。彼は1型であるから、彼はB($p\supset q$)$\supset$(B$p\supset$Bq)を信じる。彼は規則的であるから、BB($p\supset q$)$\supset$B(B$p\supset$Bq)を信じる。また、彼は正常であるから、B($p\supset q$)$\supset$BB($p\supset q$)を信じる。これと前の事実から、彼がB($p\supset q$)$\supset$B(B$p\supset$Bq)を信じなければならないことが導かれる。

第12章　整合性のジレンマ

　今、舞台の幕が上がった。これから本当のドラマが始まる！
　ある4型の推論者が、騎士と奇人の島を訪れる。彼は島の規則を信じている。つまり、ある住人が何かを言うとする。もしその住人が騎士であるならば彼の言ったことは真であり、逆に言ったことが真ならばその住人は騎士であると推論者は信じるだろう。したがって、もしある住人が命題 p を言うならば、推論者は $k\supset p$ (ここで、k はその住人が騎士であるという命題である)を信じ、また $p\supset k$ も信じるだろう。さらに、その推論者は4型であるから、彼は規則的である（前の章の問題3による）。そこから、その住人が p を言ったとき、その推論者は、$k\supset p$ だけでなく $Bk\supset Bp$ も信じる。すなわち、彼は「もし私が彼が騎士であると信じるならば、私は彼の言うことを信じるだろう」ということを信じている。
　ここで、前の章の問題7を思いだしてみよう。任意の4型の（あるいは、3型でも）推論者は自分が任意の命題 p を信じ、かつ $\sim p$ を信じるならば、自分は不整合になってしまうことを知っている。
　これらの事実を検証し、登録することにしよう。

事実1　ある住人が4型の推論者に何か言ったとする。このとき、(a) もし推論者がその住人は騎士であると信じるならば、推論者は、住人の言ったこと

は真でなければならない(また逆に、もし言ったことが真ならば、その住人は騎士でなければならない)ことを信じるだろう。(b) その推論者はまた、もし彼がその住人は騎士であると信じるならば、彼はその住人が言ったことを信じる、ということを信じるだろう。

事実2　任意の命題 p に関して、4型の推論者は、もし彼が p を信じ、かつ $\sim p$ を信じるならば、彼は不整合になってしまうことを知っている。

これらの事実を記憶しておいて、次の定理を考えるとしよう。これは、最初の重要な結論である。

定理1(ゲーデルの整合性定理による)　島のある住民が、ある4型の推論者に「あなたは、私が騎士であると信じることはないでしょう」と言ったとする。このとき、もしその推論者が整合であるならば、彼は自分が整合であることを知ることはありえない。あるいは、もしその推論者が自分は不整合にならないと信じるならば、彼は不整合になってしまう!

1

定理1を証明せよ。

解答　その推論者は自分が整合であると信じていると仮定する。われわれは、彼が不整合になることを示す。推論者は次のように推論する。「私はその住人が騎士であることを信じているとする。とすると、私は彼の言ったことを信じることになる。私は、彼が騎士であることを私が信じないということを信じることになる。しかし、もし彼が騎士であると私が信じるならば、私は正常だから、私は、彼が騎士であることを私が信じていることを信じていることになる。したがって、もし私が彼が騎士であると信じるならば、私は、私が彼は騎士であると信じること、そして私が彼は騎士であると信じないことをともに信じることになる。このことは、私は不整合になることを意味している。今、私は不整合にはならない(？)から、私は彼が騎士であると信じる

ことはない。彼は、私が彼を騎士だと信じないと言った、そして彼の言ったことは正しいから、彼は騎士である。」

この時点で、推論者は住人が騎士であると信じている。そして、彼は正常であるから、彼は自分がこのことを信じていることを知っている。したがって、推論者は次のように続けるだろう。「今、私は彼が騎士であると信じている。彼は私がそうしないと言った。つまり、彼は嘘を言ったのであり、彼は騎士じゃない。」 この時点で、推論者は住人が騎士であると信じていると同時に騎士ではないと信じている。これより、彼は今、不整合である。

Discussion この定理において数学的に重要なところは、騎士や奇人を考えることがなくても、提示することができる。騎士と奇人の島の機能は、推論者が「もし私が k を信じないならば、そしてそのときにかぎり k は真である」を信じるような命題 k（この場合は、住人が騎士であるという命題）をわれわれに提示したことであった。このような命題 k が得られれば、別の方法でも同じことである。したがって、定理1は、（騎士と奇人と関係がない）次の定理の特別な場合にすぎない。

定理G もし4型の整合な推論者が $p \equiv \sim Bp$ の形式のある命題を信じるならば、その推論者は自分が整合であることを知ることはできない。別の言い方をすれば、4型の推論者は、$p \equiv \sim Bp$ を信じ、自分が整合であると信じるならば、彼は不整合になってしまう。

これから、定理Gをより強い形で証明する。

定理G# ある1型の正常な推論者が $p \equiv \sim Bp$ の形式のある命題を信じているとする。このとき、

（a） もし彼が p を信じていれば、不整合になってしまう。

（b） もし彼が4型なら、p を信じるとき、自分が不整合になってしまうことを知っている(すなわち、彼は命題 $Bp \supset B\bot$ を信じる)。

（c） もし彼が4型で、自分が不整合になりえないことを信じていれば、

不整合になってしまう。

証明 （a） 彼が p を信じるとする。彼は正常であることから、Bp を信じる。また、彼は p と $p\equiv\sim Bp$ を信じるのであるから、彼は $\sim Bp$ を信じなければならない（彼は1型であるから）。そして、彼は Bp と $\sim Bp$ の両方を信じるのであるから、彼は不整合になってしまう。

　（b） 彼が4型であるとする。彼は1型であり、$p\equiv\sim Bp$ を信じるから、$p\supset\sim Bp$ を信じなければならない。また、彼は規則的であるから、彼は $Bp\supset B\sim Bp$ を信じる。また、$Bp\supset BBp$ も信じる（彼は、自分が正常であるのを知っているから）。したがって、彼はこれらの論理的帰結である $Bp\supset(BBp\& B\sim Bp)$ を信じる。また、彼は $(BBp\& B\sim Bp)\supset B\bot$ も信じる。（事実2より、任意の命題 X に関して、彼は $(BX\& B\sim X)\supset B\bot$ を信じる。上の式は命題 X を Bp とする特別な場合である。）彼は、$Bp\supset(BBp\& B\sim Bp)$ と $(BBp\& B\sim Bp)\supset B\bot$ の両方を信じるから、彼は $Bp\supset B\bot$ も信じなければならない（彼は1型であるから）。

　（c） いま証明したように、彼は $Bp\supset B\bot$ を信じるのであるから、彼は $\sim B\bot\supset\sim Bp$ も信じる。今、彼が $\sim B\bot$ を信じる（彼は自分が不整合ではないと信じている）とする。彼は $\sim B\bot\supset\sim Bp$ を信じるから、$\sim Bp$ を信じるようになる。彼はまた $p\equiv\sim Bp$ も信じるから、p を信じることになり、したがって、（a）より彼は不整合になってしまう。

生徒と神学の教授　それでは、生徒と神学の教授の問題に戻るとしよう。教授が生徒に「神が存在することを君が信じないなら、そしてそのときにかぎり神は存在する」と言う。もしその生徒が教授のことを信じるならば、彼は $g\equiv\sim Bg$（ここで g は神が存在するという命題）を信じることになる。これより、定理Gから、その生徒は不整合にならずに、自分の整合さを信じることはできない。

　第2章の最後でこの問題に簡単にふれたが、そこではその生徒の推論能力に関する妥当な仮定の集合を考えることができなかった。今は、それができる。その仮定を簡単にいえば、その生徒が4型であるということである。も

ちろん、その生徒は不整合にならずに自分の整合さを信じることができる。彼はたんに、その教授を信じるのをやめればいいのである！

練習問題1 定理1において、島の規則が実際に成り立つという情報が追加されたとする。このとき、その住人は騎士か奇人か？

練習問題2 生徒と神学の教授の問題において、その生徒が教授を信じ、自分の整合さも信じているとする。もし神が実際に存在するとすると、教授の言ったことは真か偽か？ もし神が存在しなければ、教授の言ったことは真か偽か？

練習問題1の解答 定理1より、推論者は不整合になる、これより彼はあらゆることを信じてしまう。とくに彼はその住人が騎士であると信じている。その住人は彼がそうしないと言ったのであるから、その住人の言ったことは偽である。したがって、島の規則が成り立つならば、その住人は奇人でなければならない。

練習問題2の解答 同様にその生徒は不整合になり、すべてのことを信じる。とくに彼は神が存在すると信じている。(彼はまた神が存在しないことも信じているが、ここではそのことは関係がない。) g を神が存在するという命題とする。このとき、Bg は真であるから、$\sim Bg$ は偽である。もし神が存在すれば、g は真であるから、$g \equiv \sim Bg$ は偽であり、その教授の言ったことは誤りである。もし神が存在しなければ、g は偽であり、$g \equiv \sim Bg$ は真であるから、その教授の言ったことは正しい。

練習問題3 われわれは、以前の章で次の3つの事実を証明した。

（1）もしある住人が1*型のある推論者に、「あなたは私が騎士であると信じることはないだろう」と言い、その推論者は自分が異常でないと信じているとすると、彼は異常になってしまう(第10章、定理3、91ページ)。

（2） 3型のある異常な推論者は、不整合である（第11章、問題8、100ページ）。

（3） 4型のある推論者は、もし自分が異常になるならば、不整合になるということを信じる（第11章、練習問題1、100ページ）。

これらの事実を使って、この章の定理1をもっと簡単に証明することができる。どうするのか？

練習問題3の解答　住人が「あなたは私が騎士であると信じることはないだろう」と、4型のある推論者に言ったとする。また、その推論者は自分が不整合になることはないと信じているとする。このときその推論者は、自分が異常にはならないと信じている。（なぜなら、彼はもし自分が異常なら、不整合になってしまうことを知っているからである。）このとき、事実1より、彼は異常になり、また事実2より、彼は不整合になる。

定理Gの双対問題

練習問題4　住人が「あなたは私が騎士であると信じることはないでしょう」と言うかわりに、「あなたは私が奇人であると信じるでしょう」と言ったとする。その推論者は4型であり、自分が整合であると信じているとき、彼ははたして不整合になってしまうのだろうか？

解答　答は、イエスである。このことは容易に定理Gの系として設定することができる。では、彼の推論過程を辿ってみよう。その推論者は次のように推論する。「彼が騎士であると仮定しよう。このとき彼の言ったことは正しいから、私は彼が奇人であると信じることになる。彼が奇人であると信じるのであるから、私は彼の言ったことの逆を信じることになる。つまり、私は、彼が奇人であると私が信じないことを信じる。しかし、私は彼が奇人であると信じるならば、私は、彼が奇人であると私が信じることを信じることになる（なぜなら私は正常であるから）。したがって私は不整合になってしまう。私

は不整合にはならないから、彼は結局騎士にはなりえない。彼は奇人でなければならない。今、私は彼が奇人であると信じている。彼は私がそうすると言った。つまり、彼は騎士である。」

この時点で、推論者は不整合である。

今われわれが証明したのは、次の定理Gの双対問題の特殊な場合である。

定理G° もしある４型の整合な推論者が $p \equiv B\sim p$ の形式のある命題を信じるならば、彼は自分が整合であると信じることはできないだろう。

2

定理G°は、定理Gの議論を「双対化」することによって証明できる。しかし、定理Gの系としてずっと簡単に証明することができる。どうするのか？

解答 その推論者は、$p \equiv B\sim p$ を信じているとする。このとき、彼は $\sim p \equiv \sim B\sim p$ を信じる。q を命題 $\sim p$ とする。このとき推論者は $q \equiv \sim Bq$ を信じ、彼は $p \equiv \sim Bp$ の形式の命題(すなわち、$q \equiv \sim Bq$)を信じるのであるから、定理Gに従って結果が得られる。

練習問題5 練習問題4において、島の規則が実際に成り立ち、推論者は自分の整合性を信じているという仮定を追加したとする。その住人は騎士か奇人か？

練習問題6 ある神学の教授が４型の生徒に「もし君が神は存在しないと信じるならば、そしてそのときにかぎり神は存在する」と言ったとする。また、その生徒は教授を信じ、また自分が整合であると信じているとする。もし教授の言ったことが真ならば、神は存在することを証明せよ。もし教授の言ったことが偽ならば、神は存在しないことを証明せよ。

練習問題7 ある住人が４型のある推論者に「あなたは私が騎士であると信じ

ることはないでしょう」と言ったとする(あるいは、そのかわりに、「あなたは私が奇人であると信じるでしょう」と言ったとする)。その推論者は自分が自分の整合さを信じているならば、不整合になってしまうということを知っていることを証明せよ。(この問題の解答は、以後の章で証明される結果から、容易に導かれる。)

第13章　ゲーデル的システム

　これまで証明してきた推論者と彼の信念に関する結果のすべては、数理システムと、そこで証明可能な命題に関する数学的結果に対応するものである。数理システムの話に移行する前に、これまでに証明してきたもっとも重要な事実を総括してみよう。

要約 I　ある推論者が島の規則を信じ、ある住人が彼に「あなたは私が騎士であると信じることはないでしょう」と言ったとする。あるいは、もっと一般的には、ある推論者は $p \equiv \sim Bp$ の形式のある命題(p は、もし私が p を信じないならば、そしてそのときにかぎり真である)を信じるとする。
　このとき、次の事実が成り立つ。

　(1)　1型の推論者に関して、もし彼が自分はつねに正確であると信じるならば、彼は不正確になってしまう、またさらに彼は異常になってしまう。
　(2)　1*型の推論者に関して、もし彼が自分は異常にはならないと信じるならば、彼は異常になってしまう。
　(3)　3型の推論者に関して、もし彼が自分は異常にはならないと信じるならば、彼は不整合になってしまう。
　(4)　4型の推論者に関して、もし彼が自分はつねに整合であると信じる

ならば、彼は不整合になってしまう。

これらの事実はすべて、とくに(4)は、次にわれわれが簡潔に議論する重要な超数学的事実に関連している。

クルト・ゲーデルが分析したある種のシステムは、次のような特徴をもっている。1つは、そのシステムで表現可能な命題がはっきりと定義された集合になること。それらは、そのシステムの命題と呼ばれる。それらの命題の中には、⊥(論理的偽)があり、また p, q がそのシステムの命題とすると、命題 $(p \supset q)$ もそのシステムの命題である。第8章で説明した手法によって、論理的結合子 &, ∨, 〜, ≡ はすべて ⊃ と ⊥ から定義できる。

第2に、そのシステム(それを"S"と呼ぶ)は、そのシステムで特定の命題を証明可能にするさまざまな公理や推論規則をもつ。つまりわれわれは、そのシステムの命題のうち十分定義された部分集合、すなわちそのシステムの証明可能な命題の集合を知っている。

第3に、そのシステムの任意の命題 p に関して、「p はそのシステムで証明可能である」という命題自体がそのシステムの命題である(それは真かも偽かもしれないし、証明可能かもそうでないかもしれない)。ここで Bp を p がそのシステムで証明可能であるという命題とする。(記号"B"を「証明可能」の意味で導入したのはゲーデルであった。それはドイツ語の beweisbar からきている。) 幸運な一致により、われわれは記号"B"を2つのひじょうに近い状況で用いている。推論者に関しては、Bp は、その推論者が p を信じるということを意味し、数理システムに関しては、Bp は p がそのシステムで証明可能であることを意味する。

今、1型、1*型、2型、3型、4型のシステムSを推論者に関して行ったのと同じようにして定義する。もしすべての恒真式がSで証明可能であり、また、もし任意の命題 p と $p \supset q$ がともにSで証明可能ならば q もSで証明可能である——これらの条件が成り立つならば、Sは1型であるという。もし $p \supset q$ がSで証明可能であるとき $Bp \supset Bq$ もSで証明可能であるならば、Sは1*型であるという。もし、$(Bp \& B(p \supset q)) \supset Bq$ の形式のすべての命題がSで証明可能ならば、Sは2型であるという。もしSがさらに正常(p が証明可

能ならば Bp も証明可能)ならば、S は 3 型であるという。最後に、もし Bp⊃BBp の形式のすべての命題が S で証明可能ならば、S は 4 型であるという。当然、第 11 章の推論者について成り立つ結果のすべては、システムについても成り立つ。(ここでは、"B" の解釈は「信じる」から「証明可能」に変わる。) 第 10、12 章と同様に、次に示すような新たな条件を考える必要がある。

ゲーデル的システム ゲーデルは、彼が研究したシステムにおいて、命題 p≡∼Bp がそのシステムで証明可能であるような命題 p が存在するという、すばらしい発見をした。そのようなシステムを、われわれは**ゲーデル的システム**と呼ぶ。

命題 p≡∼Bp は特別な性質をもっている。ここで命題 p はそのシステムにおける自分の証明不可能性と同値なのである! 命題 p は次のように言っているものと考えられる。「私はこのシステムで証明可能ではない。」ゲーデルがどのようにしてこうした命題を見いだしたかは、今は問題ではない。それについては、あとの章でとりあげる。

システムと推論者のアナロジーより、ある推論者が命題 p≡∼Bp を信じるような命題 p が少なくとも 1 つ存在するとき、その推論者はゲーデル的推論者として定義する。もちろん、ゲーデル的推論者については、これまでの章を通じて考えてきた。(もしある推論者が騎士と奇人の島に来て、島の規則を信じ、もし島の住人が彼に「あなたは私が騎士であると信じることはないでしょう」と言ったとすると、その推論者は命題 k≡∼Bk を信じることになるから、彼はゲーデル的推論者となる。)

これから、もしあるシステムが Bp⊃p の形式のすべての命題を証明できるならば、そのシステムは自分の正確性を証明できる、ということにする。また、もしそのシステムが ∼(Bp&B∼p) の形式のすべての命題を証明できるならば、そのシステムは自分の異常のなさを証明できるという。また、そのシステムが命題 ∼B⊥ を証明できるならば、そのシステムは自分の整合性を証明できるという。

では、これから推論者ではなくシステムに関する最初の要約を述べる。

要約 I* （1） もし1型のゲーデル的システムがその正確性を証明できるならば、そのシステムは不正確であり、さらに、異常である。

（2） もし1*型のゲーデル的システムがその異常のなさを証明できるならば、そのシステムは異常である。

（3） もし3型のゲーデル的システムがその異常のなさを証明できるならば、そのシステムは不整合である。

（4） もし4型のゲーデル的システムがその整合性を証明できるならば、そのシステムは不整合である。

上の(4)は、本当に重要である。それは、有名なゲーデルの第2不完全性定理を一般化したものである。

Discussion 1931年の論文において、ゲーデルは特定のシステム(ホワイトヘッドとラッセルの *PRINCIPIA MATHEMATICA* のシステム)をとりあげ、もしそのシステムが整合ならば、そのシステムは自分が整合であることを証明できないことを示した。彼は、彼の手法がこの特定のシステムに限らず、さまざまなシステムに適用できると主張した。実際、これまで見てきたように、この手法はすべての4型のゲーデル的システムに適用できる。

その他の重要な4型のゲーデル的システムは、「算術」として知られるシステムである(より正確には「1階のペアノ算術」である)。これは、通常の数 0, 1, 2, … の理論の形式化である。算術は4型のゲーデル的システムであるから、それはゲーデルの整合性定理の対象となる。これより、もし算術が整合ならば(真の命題のみがそのシステムで証明可能であるから、これは実際に成り立つ)、そのシステムは自分の整合性を証明できない。

数学者アンドレ・ヴェイユ(André Weil)がこのことを聞いたとき、彼は有名な言葉を残した。「神は存在する、なぜなら算術は整合であるから。悪魔は存在する、なぜならわれわれはそれを証明できないから。」

この言葉はおもしろいが、実際にはまちがいである。われわれが算術の整合性を証明できないのではなく、算術が算術の整合性を証明できないのである！　われわれは確かに算術の整合性を証明することができる、しかし、われ

われの証明は、算術それ自身の中では形式化できないのである。

実際、ゲーデルの第2定理(整合性定理)に関する多くの誤解が存在する。このことは、一部の科学記事や一般向け解説書の無責任さに原因がある。(私はもちろん、一般向けの解説が普及するのには大賛成だ。ただし解説が正確な場合に限るが。)ある有名な学者が次のように書いている。「ゲーデルの定理は、われわれが算術が整合であると永遠に知ることがないことを意味している。」これは、まったくばかげた話である。これがいかに愚かであるかを知るために、算術が自分が整合であることを証明できることが示されたとしよう、いやもっと現実的に、われわれは、ある1型のシステムが自分が整合であることを証明できることを知ったとする。これは、そのシステムが整合であるという保証になるだろうか? もちろんならない。もし、そのシステムが不整合ならば、1型であることから、そこではあらゆることが証明できてしまう、それにはそれ自身の整合性も含まれるのだ! あるシステムが自分の整合性を証明できることを基盤として、そのシステムの整合性を信じることは、ある人が自分がつねに真実しか言わないと主張することを基盤にして、その人の真実性を信じるのと同じくらいばかげている。算術が自分の整合性を証明できないという事実は、算術の整合性へのかすかな疑問をも投げかけるものではない。

実際、われわれはこの本で、いくつかの4型のゲーデル的システムを構成し、疑問の余地なく、その整合性を証明する。それから、まさにその整合性によって、そのシステムが自分の整合性を証明できないことを示す。

練習問題 ある4型のシステムS(必ずしもゲーデル的ではない)を考える。任意の命題pに関して、命題Bpは、もしpがSで証明可能ならば、そしてのときにかぎり真であることを思いだそう。

(a) まず、任意の命題pに関して、命題$(B(p \equiv \sim Bp) \& B \sim B\bot) \supset B\bot$は(システムSに関して)真であることを示せ。これは、とても簡単である。

(b) 次に、$(B(p \equiv \sim Bp) \& B \sim B\bot) \supset B\bot$はSで実際に証明可能であることを示せ。これは、そんなに簡単ではない!

第14章 さらに整合性のジレンマについて

前提問題

1

ある推論者が、自分が不整合であると信じているとする。彼は不整合でなければならないだろうか？ また、彼は不正確でなければならないだろうか？

2

ある推論者が自分は不正確であると信じているとする。彼が正しいことを証明せよ。

3

1^*型のある推論者が自分は不整合であるはずがないと信じているとする（彼は $\sim B\perp$ を信じている）。彼は自分が不整合であるとは信じないことを信じなければならないだろうか？（彼は $\sim BB\perp$ を信じなければならないだろうか？）

さらに整合性のジレンマについて

われわれは騎士と奇人の島に帰ってきた。われわれは4型の推論者がいて、彼が島の規則を信じていると仮定している。

4

ある住人が推論者に次のように言ったとする。「もし私が騎士ならば、あなたは私が奇人であると信じるでしょう。」このとき、次のことを証明せよ。

（a）その推論者は、遅かれ早かれ自分が不整合であることを信じることになる。

（b）もし島の規則が実際に成り立つならば、その推論者は不整合になってしまう！

Note この章において、われわれは、推論者が自分は整合であると信じているとは、仮定していない。

5

その住人がさっきとは違って次のように言ったとする。「もし私が騎士ならば、あなたは私がそうであると信じることはないでしょう。」このとき、次のことを証明せよ。

（a）その推論者は不整合になってしまう。

（b）島の規則は実際には成り立たない。

Note 1 この問題は、推論者がただの3型であっても有効である。

Note 2 上の2つの問題の「生徒と神学教授」版については、問題5の解答のあとの議論を参考にすべし。

6

奇妙な問題がある。ある4型の推論者が、騎士と奇人の島と信じるところ（彼は島の規則を信じる）に来たとき、ある住人が彼に次のことを言ったとする。

（1）「あなたは、私が奇人であると信じるだろう。」
（2）「あなたは、つねに整合です。」

このとき、その推論者は不整合になってしまい、また、島の規則は成り立たないことを証明せよ。

7

では次に、ある住人がある4型の推論者に次のような2つのことを言ったとする。

（1）「あなたは私が騎士であると信じることはないだろう。」
（2）「もし、あなたが私が騎士であると信じるならば、あなたは不整合になってしまうでしょう。」

このとき、その推論者が不整合になり、島の規則が成り立たないことを証明せよ。

臆病な推論者

ある推論者が p を信じることが自分を不整合にしてしまうならば、彼は p を信じないであろう。ある推論者が $Bp \supset B\bot$ を信じる（つまり、彼が p を信じることが自分を不整合にしてしまうことを信じる）ならば、その推論者は p **を信じることを恐れる**という。いいかえると、彼は、p を信ずべきでないということを信じるならば、彼は p を信じることを恐れている。

これまで見てきたように、任意の4型の推論者が島の規則を信じ、ある住人に、彼が騎士であることを信じないだろうと言われたとき、彼は、自分が整合であることを信じられないだろう。しかし一般に、4型の推論者が自分の

整合性を信じられなくなるような理由はない。ところが、ここで奇妙な問題が発生する。もしなにかの理由で、ある4型の推論者が自分が整合であることを信じることを恐れているとしたら、彼の恐れそのものが、彼が整合でないことを正当化している。つまり、自分の整合性を信じることを恐れている任意の4型の推論者は、実際、自分の整合性を信じていない。同様に、もし4型の推論者が、自分は整合であると信じることが自分を不整合にすると信じるならば、実際にそうなる。

この事実は驚きかもしれないが、これを証明するのはそれほどたいへんではない。さらに、この事実は正常な1型の推論者においても成り立つのである。

8

もし正常な1型の推論者が自分の整合性を信じることを恐れるならば、彼は実際に、自分の整合性を信じられないことを証明せよ。

Remarks この問題では、正常な1型の推論者に関して、命題 $B{\sim}B\bot \supset B\bot$ を信じることは、彼がこの命題を信じることがこの命題が真であることの十分条件であるという意味で、自己充足的である。この自己充足信念という主題は以降の章で重要な役割を果たす。

9

4型の推論者は、1型の正常な推論者でもあるから、前の問題より、もし彼が自分の整合性を信じることを恐れるならば、彼は自分の整合性を信じられない。このことは、4型の推論者に関して、命題 $B(B{\sim}B\bot \supset B\bot) \supset (B{\sim}B\bot \supset B\bot)$ が真であることを意味する。任意の4型の推論者が、この命題が真であると知っている(彼は、もし自分が整合であることを信じることを恐れるならば、彼はそれを信じられないことを知っている)ことを証明せよ。

10

ある4型の推論者が、自分の整合性を信じるのを恐れているということを

信じるとすると、彼は実際に自分の整合性を信じるのを恐れているだろうか？

解答

1. ある推論者が自分は不整合であると信じているとする。彼が不整合でなければならないという理由は見あたらない。しかし、彼は次の理由で不正確でなければならない。

自分が不整合であると信じる推論者は、この信念に関して正しいかまちがっているかのどちらかである。もし彼がまちがっていれば、彼は明らかに不正確である（彼は自分が不整合であるという誤った信念をもつ）。もし彼が正しければ、彼は実際に偽である命題⊥を信じることになる。この場合、彼は少なくとも1つの誤った信念をもつ。

2. もし彼がまちがっていれば、彼は正確であることになる。これは矛盾である。

3. 彼が$\sim B\bot$を信じるとする。このとき、彼は論理的に同値な命題$B\bot\supset\bot$を信じる。また、彼は規則的（彼は1*型であるから）であるから、彼は$BB\bot\supset B\bot$を信じる。これより、彼は論理的に同値な命題$\sim B\bot\supset\sim BB\bot$を信じる。したがって、彼は$\sim B\bot$を信じるから、$\sim BB\bot$を信じる。

4. 第3章の定理1より、任意の命題pに関して、もし騎士と奇人の島のある住人が「もし私が騎士ならば、pである」と言ったとすると、その住人は騎士であり、pは真でなければならない。今、任意の推論者は（1型でさえも）このことを知っている。そのため、もし推論者が島の規則が成り立つと信じるとすると、住人が彼に「もし私が騎士ならば、pである」と言えば、彼はその住人が騎士であり、pが真であると信じる。この問題では、住人は「もし私が騎士ならば、あなたは私が奇人であると信じるでしょう」と言った。そのため、推論者はその住人が騎士であり、自分はその住人が奇人であると信じることを信じる。つまり、推論者はkを信じ、$B\sim k$も信じることになる。こ

こで、k はその住人が騎士であるという命題である。ここまでは、推論者が 1 型であるという事実しか用いていない。しかし、彼は 4 型であり、彼は k を信じるから、彼は Bk も信じる。つまり、彼は Bk を信じ、かつ $B{\sim}k$ も信じる。しかし、彼は $(Bk \& B{\sim}k) \supset B\bot$ を知っている。(第 11 章、104 ページで示した。) したがって、彼は $B\bot$ を信じる。すなわち、彼は自分が不整合であると信じることになる。彼はその住人が騎士であることも信じる。

ここまでは、島の規則が実際に成り立つという事実は用いていない。以前の議論では、推論者は島の規則が成り立つと信じているという事実しか用いていない。今、その規則が実際に成り立つとする。このとき、その住人は実際に騎士であり、その推論者は住人が奇人であると実際に信じることになる (第 3 章の定理 1 より)。しかし、その推論者はその住人が騎士であるとも信じることになるから、彼は不整合になってしまう。

5. この問題では、推論者は $k \equiv (k \supset {\sim}Bk)$ を信じている。これより、彼は k と ${\sim}Bk$ を信じる。これは、$k \equiv (k \supset {\sim}Bk)$ からの論理的帰結である。彼は k を信じるから、彼は Bk を信じる。また、彼は ${\sim}Bk$ を信じるから、不整合になってしまう。

もし島の規則が実際に成り立つならば、$k \equiv (k \supset {\sim}Bk)$ は推論者に信じられているだけでなく、実際に真となる。したがって、$k \& {\sim}Bk$ (これは、前の命題から論理的に導かれる) は真である。これから、${\sim}Bk$ は真であり、推論者が住人は騎士であると信じていること (Bk は真である) に反する。したがって、島の規則は実際には成り立たない。

Discussion 前の 2 つの問題を生徒と神学の教授の話に置きかえて見てみよう。教授が「神は存在する、しかし君は神が存在しないと信じるだろう」と言ったとする。もしその生徒が 4 型で、その教授を信じているとすると、彼は自分が不整合であると信じなければならなくなるだろう。もし教授の言うことが正しければ、生徒は実際に不整合になってしまう。

一方、教授が「神は存在する、しかし君は神が存在するとは信じないだろう」と言ったとすると、もし生徒が 4 型 (あるいは、3 型でも) で、教授を信じ

ているならば、彼は不整合になってしまい、また教授の言うことは偽である。

6. 推論者は次のように推論する。「彼が奇人であるとする。このとき、彼の2つめの言葉は偽である。このことは、私が不整合になることを意味する。したがって、私はすべてのことを信じることになる。とくに、彼が奇人であることも信じる。しかし、これは彼の1つめの言葉を正当化し、彼を騎士にする。したがって、彼が奇人であると仮定すると矛盾がある。つまり、彼は騎士でなければならない。彼は騎士であるから、彼の1つめの言葉は真である。そのため、私は彼が奇人であると信じることになる。しかし、私は彼が騎士であると信じているから、私は不整合になる。このことは、私が不整合になる証明となる。しかし、彼は騎士で私はつねに整合であると言ったのであるから、私は不整合にはならない。」

この時点では、推論者は自分が不整合になり、また自分は不整合にならないという結論に達している。つまり、彼は今、不整合である。

推論者は不整合になってしまったのであるから、その住人の2つめの言葉は偽である。また、推論者は不整合になってしまったのであるから、彼はすべてのことを信じる。それは、住人が奇人であるという事実を含む。このことは、住人の1つめの言葉を真にする。住人が真のことと偽のことを言ったことになるので、島の規則は実際には成り立たない。

7. 推論者は次の2つの命題を信じる。

(1) $k \equiv \sim Bk$
(2) $k \equiv (Bk \supset B\bot)$

彼は(1)を信じるから、定理 $G^{\#}$ の(b)(第12章、109ページ)より、推論者は $Bk \supset B\bot$ を信じる。また、彼は(2)を信じるから、彼は k を信じる。定理 $G^{\#}$ の(a)より、彼は不整合になる。

さらに、これから住人の最初の言葉は偽になり、2番めの言葉は真になる。したがって、島の規則は成り立たない。

8. われわれは、推論者が正常で1型であり、彼は B~B⊥⊃B⊥ を信じていると仮定する。もし、彼が自分が整合であると信じるならば、彼は不整合になってしまう(つまり、彼の恐れが正当化される)ことを示せばよい。そこで、彼は~B⊥を信じているとする。正常であることから、彼は B~B⊥ を信じる。これと、彼の信念の B~B⊥⊃B⊥ から、彼は B⊥ を信じることになる(彼は、1型であることから)。つまり、彼は~B⊥と B⊥ の両方を信じることになる(彼は自分が整合であり、かつ不整合であると信じる)。これより、彼は不整合になってしまう。

9. 推論者は次のように推論する。「私は、自分の整合性を信じるのを恐れるようになるとする。このことは、私は、私が自分の整合性を信じられなくなると信じることを意味する。すなわち、B~B⊥⊃B⊥ を信じる。私は1型であるから(4型であるから)、私は~B⊥⊃~B~B⊥ を信じる。今、私は私が整合であると信じているとする、すなわち、私は~B⊥を信じる。このとき、私は~B⊥⊃~B~B⊥ を信じるから、私は~B~B⊥を信じる。しかし、私は B~B⊥ も信じる(私は~B⊥を信じ、かつ正常であるから)から、私は不整合になってしまう。したがって、私は自分が整合であると信じるのを恐れるならば、私は実際に不整合にならずに自分の整合性を信じることができなくなる。つまり、B(B~B⊥⊃B⊥)⊃(B~B⊥⊃B⊥) は真である。」

10. この前の問題から、推論者は命題 B(B~B⊥⊃B⊥)⊃(B~B⊥⊃B⊥) を信じることを見てきた。したがって、もし彼が B(B~B⊥⊃B⊥) を信じるならば、彼は B~B⊥⊃B⊥ を信じる。このことは、もし彼が、自分の整合性を信じることを恐れることを信じるならば、彼は実際に自分の整合性を信じることを恐れる、ということを意味している。

VI　自己充足信念とレーブの定理

第 15 章　自己充足信念

　この章の問題はすべて、レーブの定理に関連している。レーブの定理は、この本の主題にとって重要な、よく知られた業績の1つである。
　ここで、次のように筋書きを変更する。ある4型の推論者が、騎士と奇人の島に湧くという硫黄泉とミネラルウォーターのうわさを聞き、持病のリューマチに効くかもしれないので島を訪れようかと考えていた。しかし出かける前に一度、彼はかかりつけの医者と話しあうことにした。本当にこの「治療」は効くだろうか、と彼が医者に尋ねると医者はこう答えた。
　「治療というのは、かなり心理的なものです。治療が効くという信念は自己充足的です。つまり、もし治療が効くとあなたが信じるならば、治療は効くでしょう。」
　推論者は、この医者を信頼していたので、もし治療が効くと信じるならば治療は効く、という信念をあらかじめもって島に赴くことになった。彼は治療を受けた。治療はたったの1日で終り、(もしも効きめがあるとしても)効果が現われてくるのは数週間後とのことである。次の日になると彼は悩みはじめ、次のように考えた。
　「もし治療が効くと信じることさえできれば、治療は効くだろう。でも治療が効くと自分が信じているかどうか、どうしたら私は知ることができるだろう？　治療が効くという根拠はないし、治療が効くと私が信じるという根拠

もない。わかっていることといえば、治療が効くと私は信じないかもしれず、そしてその結果、治療が効かなくなるかもしれないということだけだ！」

1人の島の住人が通りかかり、なぜそんなに憂うつそうにしているのかと推論者に尋ねた。推論者が全体の状況を説明して、「もし治療が効くと私が信じるならば治療は効く。でも、いったい治療が効くと私は信じるだろうか？」としめくくると、住人はこう答えた。「もし私が騎士だとあなたが信じるならば、治療が効くとあなたは信じるだろう。」

最初この言葉は、とくに推論者を力づけるものとは思えなかった。彼はこう考えた。「彼が言ったことは何か役に立つだろうか？ たとえ彼の言ったことが真実だとしても、彼が騎士だと私が信じるかどうかに問題が変わったにすぎない。彼が騎士だと私が信じるかどうか、どうすればわかるというのだろう？ それに、たとえ信じたとしても彼は実は奇人で、彼の言ったことは偽かもしれず、だから治療が効くなんて私は信じないかもしれない。」 しかし彼はさらにこの問題について考え、しばらくたったのち、ほっと安堵のため息をついた。なぜだろう？

さて驚くべきことには、これから見ていくように推論者は治療が効くということを本当に信じるし、また(医者が正しいとすれば)治療は効くのである。

この問題はレーブの重要な定理と密接な関連がある。この定理についてはのちほどくわしく述べることにする。しかしまず、少しだけ簡単な問題について考えることにしよう。こちらの問題の方が、レーブのもともとの議論と近くなる。島の住人が、上のように言うかわりに次のように言ったとする。「もし私が騎士だとあなたが信じるならば、治療は効くだろう。」

1. （レーブによる）

上の条件のもとで、治療が効くと推論者が本当に信じるようになることを(したがって医者が正しいとすれば治療が効くことを)証明せよ。

解答 一部は言葉で、一部は記号を使って解答するのがもっともやさしい。例の住人が騎士であるという命題を k とし、治療が効くという命題を C とする。まず推論者は命題 $BC \supset C$ を信じている。

推論者は次のように推論した。「私は彼が騎士だと信じているとしよう。すると私は彼の言ったこと、つまり $Bk\supset C$ を信じるようになる。またもし彼が騎士だと信じたならば、私は彼が騎士だと信じたことを信じるだろう。つまり私は Bk を信じるわけだ。だからもし彼が騎士だと私が信じたならば、私は Bk と $Bk\supset C$ の両方を信じるようになり、その結果 C を信じる。したがってもし彼が騎士だと私が信じたならば、私は治療が効くと信じるだろう。一方もし治療は効くと私が信じたならば、(医者の言うところによれば)治療は効く。だから、もし彼が騎士だと私が信じれば治療は効くわけだ。うむ、まさにこれは彼が言ったとおりのことだ。もし彼が騎士だと私が信じたならば治療は効く、と彼は言い、そしてそれは正しかった！ ゆえに彼は騎士にちがいない。」

この時点で、推論者はさきほどの住人が騎士だと信じており、そして彼は正常であるから続けて次のように考える。「さて今、彼が騎士だと私は信じている。もし彼が騎士だと私が信じれば治療が効くことはもう証明したし、私は現に彼が騎士だと信じているのだから治療は効く。」

この時点で推論者は治療が効くだろうと信じている。そして彼の医者が正しいと仮定すれば治療は効くのである。

問題1の解答は、次の補題を先に証明しておけばもっと短くなったはずである。この補題はほかにも応用できる。

補題1 任意の命題 p について、住人が 4 型の推論者に次のように言ったとする。「もし私が騎士だとあなたが信じるならば p である。」すると推論者は次のことを信じる。「もし彼が騎士だと私が信じるならば、私は p だと信じる。」より一般的には、任意の 2 つの命題 k および p について、もし 4 型の推論者が命題 $k\equiv(Bk\supset p)$ を、あるいはより弱い命題 $k\supset(Bk\supset p)$ を信じるならば、彼は $Bk\supset Bp$ を信じるようになる。

練習問題1 補題1はどうやって証明したらよいだろうか？（これは第 11 章、102 ページの練習 3 と同じ問題である。）

練習問題2 問題1の解答に補題1をどう利用できるだろう？

練習問題1の解答 まず騎士と奇人の形で示すことにしよう。この住人が騎士であるという命題を k とする。住人は命題 $Bk\supset p$ を主張した。こう推論者は考える。「もし私が彼を騎士だと信じたとしたら、私は彼が言ったこと、つまり $Bk\supset p$ を信じる。ところで、もし彼を騎士だと私が信じるならば、私は Bk も信じる (私は、彼が騎士だと私が信じていることを信じる)。$Bk\supset p$ を信じ Bk を信じたからには、私は p を信じるだろう。だから、もし彼が騎士だと私が信じたならば、私は p を信じることになる。」

もちろん一般的な形の場合も本質的に同じやり方で証明できるが、かわりに次のように証明してみよう。4 型の推論者が $k\supset(Bk\supset p)$ を信じているとする。実際彼はより強い命題 $k\equiv(Bk\supset p)$ を信じているのだから、この命題も信じるであろう。すると第 11 章の問題 2 より彼は $Bk\equiv(BBk\supset Bp)$ を信じる。彼はまた $Bk\equiv BBk$ も信じている。この 2 つの命題を信じるので、これらの論理的帰結である $Bk\supset Bp$ を彼は信じる。(任意の命題 X および Y, Z に関して、$X\supset Z$ は $X\supset(Y\supset Z)$ および $X\supset Y$ の論理的帰結である。命題 Bk を X、命題 BBk を Y、命題 Bp を Z としたときに、上の命題が得られる。)

練習問題2の解答 推論者は $k\equiv(Bk\supset C)$ を信じている。なぜならば住人が $Bk\supset C$ を主張したからである。すると、補題1より推論者は $Bk\supset BC$ を信じる。彼はまた $BC\supset C$ も信じている。ゆえに彼は $Bk\supset C$ も信じる。すると彼は ($Bk\supset C$ と $k\equiv(Bk\supset C)$ の両方を信じていることから) k を信じるようになり、ゆえに (彼は正常であるから) Bk を信じる。

問題1の仕上げは以下の定理である。

定理1 (レーブによる) 任意の命題 k および C について、もし 4 型の推論者が $BC\supset C$ を信じ、かつ $k\equiv(Bk\supset C)$ を信じるならば彼は C を信じる。

定理1から次のようなおもしろい結果が得られる。

練習問題3 1 人の神学生が神の存在や彼自身の救済について悩んでいた。彼

は教授に、「神は存在しますか？」、そして「私は救われるでしょうか？」と尋ねた。教授は次のように述べた。

（1）「もし救われると君が信じるならば、君は救われる。」
（2）「もし神が存在し、かつ神が存在すると君が信じるならば、君は救われる。」
（3）「もし神が存在しないならば、神は存在すると君は信じるだろう。」
（4）「神が存在するならば、そしてそのときにかぎり君は救われる。」

この学生が4型の推論者であり、教授を信じていると仮定して以下を証明せよ。（a）学生は、自分が救われると信じる。（b）もし教授が述べたことが真ならば、学生は救われる。

解答 神が存在するという命題を g、この学生が救われるという命題を S とする。すると学生は次の4つの命題を信じていることになる。

（1） $BS \supset S$
（2） $(g \& Bg) \supset S$
（3） $\sim g \supset Bg$
（4） $g \equiv S$、これより $S \supset g$

命題 $\sim Bg \supset g$ は(3)の論理的帰結である。この命題と(4)から論理的帰結として $(\sim Bg \lor S) \supset g$ が得られる。また $\sim Bg \lor S$ は $Bg \supset S$ と論理的に同値であるので、$(\sim Bg \lor S) \supset g$ は $(Bg \supset S) \supset g$ と論理的に同値である。また $g \supset (Bg \supset S)$ は(2)と論理的に同値であり、$g \equiv (Bg \supset S)$ は $(Bg \supset S) \supset g$ と $g \supset (Bg \supset S)$ の論理的帰結である。ゆえに $g \equiv (Bg \supset S)$ は(1)と(2)と(3)の論理的帰結である。学生は(1)と(2)と(3)を信じているから、彼は $g \equiv (Bg \supset S)$ も信じる。(1)より彼は $BS \supset S$ も信じているので、定理1により彼は S を信じる。したがって BS は真で、またもし教授が正しいならば $BS \supset S$ も真であり、ゆえに S は真で学生は救われることになる。

ここで問題1と「もし私が騎士だとあなたが信じれば、治療は効く」とい

う命題に戻ることにしよう。

2

4型の推論者が今度も $BC\supset C$ を信じているとする。ただし今度は島の住人が、「もし私が騎士だとあなたが信じるならば、治療が効くとあなたは信じるだろう」と言ったとする。推論者が、今回も治療が効くと信じることを証明せよ。

解答 今回、住人が言ったのは $Bk\supset C$ ではなく $Bk\supset BC$ である。したがって補題1より（$Bk\supset BC$ のかわりに）$Bk\supset BBC$ を推論者は信じるようになる。しかしながら推論者は $BC\supset C$ を信じており、また彼は4型で規則的であるから、ゆえに彼は $BBC\supset BC$ を信じる。これと $Bk\supset BBC$ を信じていることにより彼は $Bk\supset BC$ を信じる。彼はまた $k\equiv(Bk\supset BC)$ を信じている。だから彼は k を信じる。そこで彼は Bk を信じるようになり、$Bk\supset BC$ を信じているので BC を信じる。ところで彼はまた $BC\supset C$ も信じているので、ゆえに彼は C を信じる。

当然、上の議論は次のように一般化することができる。

定理2 任意の命題 k および C について、もし4型の推論者が $BC\supset C$ と $k\equiv(Bk\supset BC)$ を信じているならば彼は C を信じる。

3

またもや4型の推論者が、治療が効くと彼が信じるならば治療は効くという信念をもっていた。今度は住人が次のように言った。「私が騎士ならば治療は効くということを、遅かれ早かれあなたは信じる。」 例によって治療が効くと彼が信じることを示そう。より一般的にいうと、次の定理を証明することになる。

定理3 任意の命題 k および C について、4型の推論者がもし $BC\supset C$ と $k\equiv B(k\supset C)$ を信じるならば彼は C を信じる。

定理3の証明には以下の2つの補題を利用する。この2つの補題は、それ自体でも興味深いものである。

補題2　ある命題 q について、住人が4型の推論者に次のように言ったとする。「あなたは q を信じる。」すると推論者は、次のことを信じる。「もし彼が騎士ならば、私は、もし彼が騎士なら彼が騎士だと私が信じる、と信じる。」(より抽象的にいうと、もし4型の推論者が $k\equiv Bq$ を信じるならば、彼は $k\supset Bk$ を信じる。)

補題3　任意の命題 p について、住人が4型の推論者に次のように言ったとする。「あなたは、もし私が騎士ならば p は真である、と信じる。」すると推論者は次のことを信じる。「もし彼が騎士ならば私は p を信じる。」(より抽象的にいうと、もし4型の推論者が $k\equiv B(k\supset p)$ を信じているならば、彼は $k\supset Bp$ を信じる。)

補題2と補題3はどのように証明したらよいだろうか？

補題2の証明　これは第11章の問題9であり、すでに証明ずみである。だが、ここで「騎士と奇人」の形で証明をしておきたいと思う。こちらはきわめて直観的である。住人はこう言った。「あなたは q を信じる。」推論者は次のように推論する。「彼が騎士だとする。すると私はきっと q を信じるだろう。そうすると私は、私が q を信じるということを信じる。ゆえに私は彼の言ったことを信じるようになり、それゆえ私は彼が騎士だと信じる。したがって、もし彼が騎士ならば、彼が騎士だと私は信じる。」

補題3の証明　この証明には補題2を用いることにする。

住人はこう言った。「あなたは、もし私が騎士ならば p である、と信じる。」ここで「もし私が騎士ならば p である」という命題を q としよう。住人は推論者に、推論者は q を信じる、と言ったから、補題2より推論者は、もし住人が騎士ならば推論者は住人が騎士だと信じる、と信じる。だから推論者は次のように推論する。「彼が騎士だとする。すると私は彼が騎士だと信じる。

すると私は彼が言ったこと（Bk⊃p）を信じる。私はまた Bk（彼が騎士だと私が信じる）を信じるようになる。したがって、もし彼が騎士なら私は Bk⊃p と Bk を信じ、ゆえに私は p も信じる。したがって、もし彼が騎士ならば、私は p を信じる。」

定理3の証明　騎士と奇人の形で証明する。住人はこう言った。「あなたは、もし私が騎士ならば治療が効く、と信じる。」補題3より推論者は次のことを信じる。「もし彼が騎士ならば、私は治療が効くと信じる。」推論者は、さらに続けて次のように考える。「また、もし治療が効くと私が信じるならば治療は効く。したがって、もし彼が騎士ならば治療は効く。彼は私がそう信じると言った。ゆえに彼は騎士である。だから彼は騎士で、加えて（すでに証明したように）もし彼が騎士なら治療は効く。したがって治療は効く。」

この時点で推論者は治療が効くと信じる。

Discussion　以下で論じるように、定理3は定理1の系としても容易に得ることができる。4型の推論者が $k≡B(k⊃C)$ と BC⊃C を信じているような命題 k と C があるとする。彼が C を信じることを示す。彼は $k≡B(k⊃C)$ を信じているから、彼はまた必ず $(k⊃C)≡(B(k⊃C)⊃C)$ も信じている。これは $k≡B(k⊃C)$ の論理的帰結である。そこで彼は命題 $k'≡(Bk'⊃C)$ を信じるようになる。ただし k' は命題 $k⊃C$ である。彼は BC⊃C も信じているから、定理1により彼は C を信じる。次のおもしろい練習問題は、極端な自己言及が行われたときにどうなるかをよく表わしている。

練習問題4　島の住人が4型の推論者に次のように言ったとする。「あなたは、もし私が騎士ならば私が騎士だとあなたは信じる、と遅かれ早かれ信じるようになる。」

（a）　住人が騎士だと推論者が信じることを証明せよ。

（b）　もし島の規則が本当に成り立つならば、この住人は騎士であることを証明せよ。

解答 これは補題2から容易に得られる結果である。

（a） 住人は $B(k \supset Bk)$ を主張した。つまり住人は、ある命題 q (すなわち $k \supset Bk$) を推論者が信じるだろうと主張した。そこで、補題2により推論者は $k \supset Bk$ を信じる。そして、彼は正常であるから彼は $B(k \supset Bk)$ を信じる。つまり彼は住人が言ったことを信じるようになる。ゆえに住人が騎士だと彼は信じる。

（b） 推論者は Bk を信じているのであるから、彼は確かに $k \supset Bk$ を信じている。ゆえに住人の言葉は正しい。だから（島の規則が本当に成り立っているとすれば）住人は騎士である。

上の練習の数学的な意味は次のとおりである。任意の命題 k について、もし4型の推論者が $k \equiv B(k \supset Bk)$ を信じるならば彼は k も信じる。また、もし $k \equiv B(k \supset Bk)$ が真ならば k も真である。

双対問題

問題1、2、3（より一般的には定理1,2,3）には少し奇妙な双対形がある。

1°．（問題1の双対問題）

また今度も4型の推論者が、もし治療が効くと信じるならば治療は効く、と信じて島にやってきた。彼が会った住人はこう言った。「治療は効かず、そして私が奇人だとあなたは信じるだろう。」

治療は効くと推論者が信じることを証明せよ。

2°．（問題2の双対問題）

問題1°と同様だが、ただし住人はこう言った。「私が奇人だとあなたは信じる。しかし、あなたはけっして治療が効くと信じることはない。」 同じ結論（治療は効くと推論者が信じること）になることを示せ。

3°．（問題3の双対問題）

今度は住人はこう言った。「あなたは、もし私が奇人ならば治療が効く、とはけっして信じることはない。」（あるいはこう言ってもよい。「あなたは、私が騎士だということ、または治療が効くということをけっして信じることはない。」） このときも同じ結論になることを示せ。

問題1°の解答 最初から証明することもできるが、すでに証明した定理1を利用した方が容易である。

住人は$(\sim C\ \&\ B\sim k)$を主張したから、推論者は$k\equiv(\sim C\ \&\ B\sim k)$を信じている。ところが$k\equiv(\sim C\ \&\ B\sim k)$は$\sim k\equiv\sim(\sim C\ \&\ B\sim k)$と論理的に同値であることがわかっており、そしてこれは$\sim k\equiv(B\sim k\supset C)$と論理的に同値である。それゆえ推論者は$\sim k\equiv(B\sim k\supset C)$を信じるから、$p\equiv(Bp\supset C)$という形の命題を信じる。ここで$p$は命題$\sim k$である。よって定理1により、もし彼が$BC\supset C$を信じるならば彼は$C$を信じる。

同様にして問題2°と問題3°の解答も、それぞれ定理2および定理3の系として得ることができる。実際に確かめるのは読者にまかせる。

練習問題5 4型の推論者に住人が次のように言ったとする。「もし私が騎士だとあなたが信じるならば、あなたは不整合になる。」 推論者は、不整合にならずに彼自身の整合性を信じることができるだろうか？（ヒント—定理2を用いよ。）

練習問題6 4型の推論者が、もし治療が効くと彼が信じるならば治療は効く、と信じていたとする。ここで彼に次のように言う住人がいたとする。「もし私が騎士だとあなたが信じるようになる、とあなたが信じているならば治療は効く。」

推論者は必然的に治療が効くと信じるようになるだろうか？

練習問題7 かわりに住人が次のように言ったとする。「あなたは、もし私が騎士だとあなたが信じるならば治療は効く、と信じる。」

推論者は必然的に治療が効くと信じるようになるだろうか？

練習問題8 学生と彼の神学教授の間で以下の対話がかわされた。

学生 「もし神が存在すると私が信じるならば、私は自分が救われると信じるでしょうか？」

教授 「もし君の言ったことが真ならば、神は存在する。」

学生 「もし神が存在すると私が信じるならば、私は救われるでしょうか？」

教授 「もし神が存在するならば、君の言ったことは真である。」

もし教授が正確で学生が教授を信じているとするならば、神は存在して学生は救われることを証明せよ。

練習問題9 定理3を次のように強めたものを証明することができる。1人の4型の推論者が、もし治療が効くと彼が信じれば治療は効く、と信じて治療のために島にやってきた。彼は次のように住人に尋ねた。「私は、もしあなたが騎士ならば治療は効く、と信じるだろうか？」 住人はこう答えた。「もしあなたの言ったことが正しくないならば、治療は効く。」（あるいは、こう答えたとしてもよい。「あなたの言ったことが正しいか、治療が効くかのどちらかである。」）問題は、治療は効くと推論者が信じるようになること（より抽象的に表わすと、もし4型の推論者が $k \equiv (C \vee B(k \supset C))$ と $BC \supset C$ を信じるならば C を信じるようになること）を証明することである。この証明には、まず補題として次の2つの事実を先に証明して利用するとよい。

（1） 任意の命題 p および q について、4型の推論者に住人が次のように言ったとする。「p が真であるか、またはあなたが q を信じるかのどちらかである。」すると推論者は次のように信じる。「もし住人が騎士ならば、私は p が真であるか、または住人が騎士であるかのどちらかを信じる。」

（2） 任意の命題 p および q について、4型の推論者に住人が次のように言ったとする。「p が真であるか、またはあなたは、もし私が騎士ならば q は

真である、と信じる。」すると推論者は次のように信じる。「もし住人が騎士ならば、p が真であるか、私が q が真だと信じるかのどちらかである。」

練習問題 10 最後の問題は次の双対問題である。また今度も 1 人の 4 型の推論者が、もし治療が効くと彼が信じるならば治療は効く、と信じていた。彼は今度は次のように言う住人に会った。「治療は効かず、あなたは私が騎士であることも治療が効くことも信じない。」 治療は効くと推論者が信じることを証明せよ。

第16章 ラージャのダイヤモンド

　ロバート・スティーヴンソンの壮麗な小説『ラージャのダイヤモンド』を読んだ人なら、結末でダイヤモンドがテムズ川に投げこまれたのを覚えていることと思う。しかしながら近年の研究によって、その後ダイヤモンドは、そのとき休暇でイギリスに来ていた騎士と奇人の島の住人によって発見されたことが明らかになった。噂によると彼はダイヤモンドをもってパリに渡り、その少し後に死んだという。また、彼はダイヤモンドを島に持ち帰ったとする説もある。もし2番めの説が正しいとするならば、ダイヤモンドは今も騎士と奇人の島のどこかにあることになる。
　ある4型の推論者は、2番めの噂に従ってダイヤモンドを見つけだすことに決めた。彼は島にたどりつき、島の規則を信じている。また島の規則は本当に成り立っている。実際に何が起こったかについては、5つの異なった説がある。

1. 第1の説

　最初の説によれば、推論者は島に辿りついたときに次の2つのことを言う住人に会ったという。

　（1）「もし私を騎士だとあなたが信じるならば、あなたはダイヤモンドが

この島にあると信じる。」

（2）「もし私を騎士だとあなたが信じるならば、ダイヤモンドはこの島にある。」

もしこの説が正しいとすると、ダイヤモンドはこの島にあるだろうか？

2. 第2の説

第2の説は少し違っていて、それによると住人は上の2つのことを言うかわりに、次の2つのことを言ったことになっている。

（1）「もし私が奇人で、かつ私が騎士だとあなたが信じるならば、ダイヤモンドはこの島にあるとあなたは信じる。」

（2）「私は実は騎士である。もしあなたがそれを信じるならば、ダイヤモンドはこの島にある。」

この第2の説が正しいとすると、ダイヤモンドがこの島に必ずあると結論するに足る根拠はあるだろうか？

3. 第3の説

3番めの説はとくにおもしろい。それによると住人は次の2つのことを言った。

（1）「もし私が騎士だとあなたが信じるならば、ダイヤモンドはこの島にない。」

（2）「もしあなたがダイヤモンドはこの島にあると信じるならば、あなたは不整合になる。」

この説が正しければ、いかなる結論が引き出されることになるだろう？

4. 第4の説

第4の説によると住人は1つだけ言明した。

（1）「もし私が騎士だとあなたが信じるならば、ダイヤモンドはこの島に

あるとあなたは信じる。」

もちろん、これでは推論者は結論を得ることができない。そこで彼は、事情のいっさいを島の賢人と話しあった。賢人はもっとも高潔な騎士の1人として知られていた。賢人は次のように述べた。

「もしあなたに話した住人が騎士で、かつもしダイヤモンドがこの島にあるとあなたが信じるならば、ダイヤモンドはこの島にある。」

もしこの第4の説が正しいならば、どういう結論になるだろう？

5. 第5の説

これは前の説に似ているが、ただし住人はこう言った。

（1）「あなたは、もし私が騎士ならばダイヤモンドはこの島にある、と信じる。」

賢人は第4の説とまったく同じことを言った。

これら5つの説がどれも同じくらいありうると仮定すると、ラージャのダイヤモンドが騎士と奇人の島にある確率はどうなるだろうか？

Remarks　最後の2問の数学的な内容は、前章の定理2および定理3を強めたものにあたる。解答の後のDiscussionを参照のこと。

解答

住人が騎士であるという命題をkとし、ダイヤモンドが島にあるという命題をDとする。

1. 住人は問題にあるとおりの2つのことを言ったから、推論者は次の2つの命題を信じる。

（1）　$k \equiv (Bk \supset BD)$
（2）　$k \equiv (Bk \supset D)$

したがって当然、推論者は次のより弱い2つの命題を信じる。

(1)′ $(Bk \supset BD) \supset k$
(2)′ $k \supset (Bk \supset D)$

これから示すように、推論者が(1)′と(2)′を信じているという事実だけで、この問題を解くには十分である。

彼は(2)′を信じているから、前章の補題1より彼は $Bk \supset BD$ を信じる。これと(1)′を信じることにより、彼は k を信じるようになる。k と(2)′を信じることにより、彼は次に $Bk \supset D$ を信じる。また、彼は k を信じるから彼は Bk を信じ、ゆえに D を信じる。それゆえ BD は真である。ゆえに $Bk \supset BD$ は真で、(島の規則は本当に成り立つので)(1)が真であるから、k は真である(つまり住人は本当に騎士である)。そこで、(2)が真であるから命題 $Bk \supset D$ は真である。また、(推論者が k を信じることはすでに示したので)Bk も真であり、したがって D は真である。したがってダイヤモンドは島にある。

2. この説に従うと、住人の2つの言葉から推論者は前問の命題(1)および(2)を信じるようにはならず、より弱い命題(1)′および(2)′を信じる(下のNote参照)。しかしながら前の問題の解答で見たとおり、これでもダイヤモンドが島にあることを保証するには十分である。

Note 騎士と奇人の島の住人が、「もし私が奇人ならば X である。」と言ったとすると、論理的に、もし X が真ならば住人は騎士にちがいないといえる。(なぜなら、もし X が真ならばどんな命題でも X を含意するので、もし住人が奇人ならば X である、という命題は真になるが、奇人がこのような真の文を言うことはありえないから。) これが(島の規則を信じている)推論者が(1)′を信じる理由である。(2)′については、もし住人が、「私は騎士でかつ X である」と言ったとすると、もし住人が騎士なら X が必ず真であるのは明らかである。

3. ステップ1 推論者は住人のはじめの言明から $k \equiv (Bk \supset \sim D)$ を信じて

いる。そこで、前章の補題1により推論者はBk⊃B~Dを信じる。だから推論者は次のように推論する。「もし彼が騎士だと私が信じるならば、ダイヤモンドがこの島にないと私は信じるようになる。もしまたダイヤモンドがこの島にあるということも信じるならば、私は不整合になる。したがって、もし彼が騎士だと私が信じるならば、彼の2番めの意見は真である。そしてもちろん、もし彼が2番めに言ったことが真ならば彼は騎士である。もし私が彼は騎士だと信じるならば、彼は本当に騎士である、ということがこれで証明できた。」

　ステップ2　推論者は次のように続ける。「さて、彼が騎士だと私が信じるとする。すると、たった今証明した通り彼は本当に騎士であり、ゆえに彼の最初の意見Bk⊃~Dは真である。また、もし彼が騎士だと私が信じるならばBkは真だから、~Dは真である。したがって、もし彼が騎士だと私が信じるならばダイヤモンドは島にない。彼はまさにこのとおりのことを最初に言ったのだから、彼は騎士である。」

　ステップ3　推論者は次のように続ける。「今私は彼が騎士だと信じていて、またすでにBk⊃~Dは示した。ゆえに~Dは真である。つまりダイヤモンドはこの島にはない。」

　ステップ4　推論者は今、ダイヤモンドはこの島にないと信じている。したがって、もしダイヤモンドは島にあると彼が信じるならば、彼は不整合になる。住人の2番めの意見が真で、それゆえ住人が騎士であることがこれで証明された。つまり、住人の最初の意見(すなわちBk⊃~D)もまた真である。(証明したとおり)Bkは真なので~Dも真である。したがってダイヤモンドは島にない。

4. ステップ1　住人はBk⊃BDを主張したから、推論者はk≡(Bk⊃BD)を信じている。そこで、前の章の補題1より(BDをpとおいて)推論者はBk⊃BBDを信じるから、次のように推論する。「私は住人が騎士だと信じるとする。すると私はBDを信じる。それで、私はkとBDを信じるから、ゆえに私はk&BDを信じる。私はまた賢人の意見(k&BD)⊃Dも信じるから、もし私がk&BDを信じるならば私はDを信じるようになる。したがって、も

し私が k を信じるならば私は D を信じる。つまり $Bk\supset BD$ は真である。これは住人が言ったことだから、彼は騎士である。」

ステップ2　推論者は次のように続ける。「今、私は k を信じている。つまり Bk は真である。また(証明したように) $Bk\supset BD$ は真だから BD は真である(私はダイヤモンドが島にあると信じる)。すなわち、k は真で BD も真、だから $k\&BD$ は真である。すると賢人の意見から D は真にちがいない。すなわちダイヤモンドはこの島にある。」

ステップ3　推論者は今、D を信じているので BD は真である。だから $Bk\supset BD$ は確かに真で、ゆえに住人は本当に騎士である。だから k と BD はともに真で、$k\&BD$ も真である。ゆえに賢人の言葉より D は真にちがいない。すなわちダイヤモンドはこの島にある。

5. この問題の解答は問題4の解答よりもやや簡単である。

ステップ1　住人は推論者の言ったことから、前章の補題3より推論者は $k\supset BD$ を信じるようになる。ゆえに彼は $k\supset(k\&BD)$ を信じる。彼はまた賢人の意見 $(k\&BD)\supset D$ も信じているから、彼は $k\supset D$ を信じる。住人は推論者が $k\supset D$ を信じると言ったのだから、推論者は住人が騎士だと信じる。つまり彼は k を信じる。そして彼は $k\supset D$ を信じるので、D を信じるようになる。

ステップ2　推論者が $k\supset D$ を信じるから、住人は本当に騎士である。ゆえに k は真で、また(すでに示したとおり) BD も真である。ゆえに $k\&BD$ は真で、そして $(k\&BD)\supset D$ が真であるから D は真である。だから今度も、ダイヤモンドは島にあることになる。

さて、同じくらいありうる5つの説のうち4つまでが、ダイヤモンドは島にあるとしているわけだから、ダイヤモンドが島にある確率は80%であることがわかった。冒険心の強い読者の関心をひいて、ダイヤモンドを探してみたい気にさせるに十分なほど高い確率といえるだろう。

Discussion　問題4の数学的な意味は、任意の命題 k および p について、もし4型の推論者が $k\equiv(Bk\supset Bp)$ と $(k\&Bp)\supset p$ を信じるならば彼は p を信じ

る、ということである。もし4型の推論者が $Bp \supset p$ を信じるならば彼は確実に $(k \& Bp) \supset p$ を信じるわけであるから、これは前章の定理2を強めたものにあたる。現在の仮定は第15章の定理2の仮定よりも弱いからである。(より弱い仮定から同じ結論を導いたので定理2を強めたことになる。)

同様に、問題5の数学的な意味は、4型の推論者が $k \equiv B(k \supset p)$ と $(k \& Bp) \supset p$ を信じるならば彼は p を信じる、ということである。同じ理由でこれは前章の定理3より強い。

まったく不思議なことに前章の定理1は、似たように強めることができないように思われる。たとえ4型の推論者が $k \equiv (Bk \supset p)$ と $(k \& Bp) \supset p$ を信じていたとしても、彼が p を信じると結論づける理由は何もないようである。

第17章　レーブの島

広大無辺な大洋のどこかに、とくに興味深い騎士と奇人の島がある。私はその島をレーブの島と呼ぶことにする。この島を訪れるどんな人に対しても、またどんな命題 p についても、下のように言う住人が少なくとも1人は島にいる。

「もし私が騎士だとあなたが信じるならば、p は真である。」

この章の問題では、4型の推論者が島を訪れる。島の規則(騎士は真実を、奇人はまちがったことを言い、すべての住人は騎士か奇人である)は成り立ち、推論者は島の規則を信じている。

ヘンキンの問題

レーブの島の1人の住人が推論者にこう言ったとする。「あなたは私が騎士だと信じる。」　表面上は、この住人が騎士であるか奇人であるかを言いあてる方法はないように思える。はっきりわかるのは、推論者は住人が騎士だと信じるかもしれない(このとき住人は本当のことを言ったのであるから騎士である)し、または住人が奇人だと信じるかもしれない(このとき住人は嘘を言ったのだから、したがって奇人である)ということだけのようだ。この2つのうちどちらか、決める手だてがあるだろうか？

第 17 章　レーブの島　151

この問題はレオン・ヘンキン (Leon Henkin) が発案し、M. H. レーブが答えた有名な問題をもとにしたものである。驚くべきことだが、この住人が騎士か奇人かを決めることは可能なのである。

1

上の条件のもとで、住人は騎士だろうか、それとも奇人だろうか？（解答は問題 3 のあとに記す。）

2

レーブの島の住人が 4 型の推論者に次のように言ったとする。「あなたは私が奇人だということをけっして信じない。」島の規則が成り立つ（そして推論者がその規則を信じている）と仮定すると、この住人は騎士だろうか、それとも奇人だろうか？

3

もし 4 型の推論者がレーブの島を訪れたとする（そして、彼が島の規則を信じているとする）ならば、彼は自分が整合だということを信じて、かつ整合でいられるだろうか？

問題 1、2、3 の解答

1. 解答はちょっと巧妙で気づきにくいものである。「あなたは私が騎士だと信じる」と言った住人を P_1 としよう。P_1 が騎士であるという命題を k_1 としよう。推論者は島の規則を信じており P_1 はこのように言ったのだから、推論者は $k_1 \equiv Bk_1$ を信じる。ただこの事実だけからでは、k_1 が真であるか偽であるか決めることは絶対にできない。しかしここはレーブの島である。ゆえに推論者に次のように言う住人 P_2 がいる。「もし私が騎士だとあなたが信じるならば P_1 は騎士である。」（任意の命題 p に対して、「もし私が騎士だとあなたが信じるならば p である」と言う住人がいる、ということを思いだしてほしい。）P_2 が騎士であるという命題を k_2 としよう。P_2 は命題 $Bk_2 \supset k_1$ を主張したので、推論者は $k_2 \equiv (Bk_2 \supset k_1)$ という命題を信じるようになる。彼はまた B

$k_1 \equiv k_1$ も信じているので、ゆえに彼は $Bk_1 \supset k_1$ を信じる。すると第15章の定理1(134ページ)より、(「k」を「k_2」、「C」を「k_1」と読みかえると)彼は k_1 を信じる。P_1 は推論者が k_1 を信じると言ったのだから、P_1 は騎士である。だから P_1 は騎士で、推論者は P_1 が騎士だと信じる。

Note たとえ島の規則が本当に成り立つという仮定がなくても、依然として推論者は必然的に P_1 を騎士だと信じるという結論が出ることに注意しよう。

2. 似たような議論のくりかえしを避けるために一度だけ記しておくが、もし4型の推論者がレーブの島を訪れたならば、任意の命題 p について、もし彼が命題 $Bp \supset p$ を信じたならば彼は p を信じる。(理由—ここはレーブの島であるから、ある住人が彼にこう言う。「もし私が騎士だとあなたが信じるならば、p である。」ゆえに推論者は $k \equiv (Bk \supset p)$ を信じるようになる。ただし、k は住人が騎士だという命題である。すると、彼は $Bp \supset p$ を信じているので、第15章の定理1より彼は p を信じる。)

さて、問題はこうであった。住人は推論者に、「私が奇人であることをあなたはけっして信じない」と言った。それで推論者は $k \equiv \sim B \sim k$ を信じている(k は住人が騎士だという命題である)。ゆえに彼は論理的に同値な命題 $\sim k \equiv B \sim k$ を信じ、それゆえ $B \sim k \supset \sim k$ を信じる。したがって彼は $Bp \supset p$ を信じるようになる。このとき p は命題 $\sim k$ である。すると、さきほど記したように彼は p を信じる。すなわち、彼は $\sim k$ を信じるようになる。だから、推論者は住人が奇人だと信じる。住人は、自分が奇人だと推論者が信じることはないと言ったのだから、住人は本当に奇人である。

3. 4型の推論者がレーブの島を訪れたとする。すると任意の命題 p について、彼に次のように言う住人が存在する。「もし私が騎士だとあなたが信じるならば、p である。」とくに、これは p として命題 $\bot$ (これは論理的偽であることを思いだしてもらいたい)をとったときも真である。であるから推論者に次のように言う住人がいる。「もし私が騎士だとあなたが信じるならば $\bot$ である。」したがって、推論者は命題 $k \equiv (Bk \supset \bot)$ を信じる。さて、$Bk \supset \bot$ は $\sim Bk$ と

論理的に同値である。ゆえに $k \equiv (Bk \supset \bot)$ は $k \equiv \sim Bk$ と論理的に同値であり、それゆえ推論者は $k \equiv \sim Bk$ を信じる。すると、第12章の定理1(108ページ)により、彼は不整合にならずには自分の整合性を信じることはできない。

反射性

反射的な推論者　すべての命題 q について命題 p が少なくとも1つ存在して推論者が $p \equiv (Bp \supset q)$ を信じるならば、その推論者は**反射的**であるということにする。

　レーブの島を訪れて島の規則を信じている推論者は誰でも自動的に、反射的な推論者になる。なぜなら任意の命題 q について、「もし私が騎士だとあなたが信じるならば、q は真である」と推論者に言う住人が少なくとも1人いるので、推論者は命題 $k \equiv (Bk \supset q)$ を信じるようになるからである。ここで k は住人が騎士だという命題である。しかしながら一度もレーブの島に行ったことのない推論者も、まったく別の理由から反射的な推論者になってしまうことがありうる。(第25章でも、この理由について考察する。)

　1つ注意しておきたいのは以下の事実である。反射的な4型の推論者が**通常の騎士と奇人の島**(必ずしもレーブの島でなくともよい)を訪れて、次のように言う住人に会ったとする。「あなたは私が騎士だと信じる。」すると、推論者は住人が騎士だと本当に信じるようになる。(彼に、「もし私が騎士ならば、最初の住人もそうである」と告げる第2の住人はいなくてもかまわない。)また、もし反射的な4型の推論者が通常の騎士と奇人の島に行って住人に、「私が奇人だということをあなたはけっして信じない」と告げられたとするならば、(問題2と同様)推論者は住人が奇人だと信じるようになる。

　また、整合で反射的な4型の推論者は、自分が不整合であると信じることができない。

　さらに、もう1つ。反射的な4型の推論者が、硫黄泉とミネラルウォーターのある騎士と奇人の島を訪れようと考えているとする。そして、彼が信頼しているかかりつけの医者が彼にこう告げた。「治療が効くとあなたが信じる

ならば、治療は効くでしょう。」すると、それ以上は何のめんどうもなしに推論者は治療が効くと信じるようになる。(まず島に行って、「私が騎士だとあなたが信じるならば、治療は効く」と言う住人に会ったりする必要はない。)

これらの事実はすべて(第15章の定理1から生じた)次の定理の特殊な場合である。

定理A(レーブによる)　任意の命題 q について、もし反射的な4型の推論者が $Bq \supset q$ を信じるならば、彼は q を信じる。

反射的なシステム　今度は、第13章で述べた数理システムについて考察することにしよう。復習すると、任意のシステムSとその中で表現可能な任意の命題 p について命題 Bp (p はSで証明可能)もまた、このシステムの中で表現可能である。(システムに対しては"B"は「証明可能」という意味であったことを思いだしてほしい。)ただ1つのシステムSについてのみ議論するときには、「命題」という言葉は「Sで表現可能な命題」という意味に解釈する。

ここで、すべての(Sの中で表現可能な)命題 q について少なくとも1つ(Sの中で表現可能な)命題 p が存在して命題 $p \equiv (Bp \supset q)$ がSの中で証明可能ならば、Sは反射的であると定義する。上の定理AはSに推論者についてと同様、**システム**についても明らかに成り立つ。いいかえると任意の反射的なシステムSと任意の表現可能な命題 q について、もし $Bq \supset q$ がSの中で証明可能ならば q もSの中で証明可能である。これがレーブの定理である。

すべての命題 p について、もし $Bp \supset p$ がSの中で証明可能ならば p もSの中で証明可能であるならば、Sをレーブ的システムと呼ぶことにする。これでレーブの定理を得ることができた。

定理L(レーブの定理)　すべての反射的な4型のシステムはレーブ的システムである。すなわち、任意の4型のシステムSについて、もし $Bp \supset p$ がSの中で証明可能ならば p もSの中で証明可能である。

系　任意の反射的な4型のシステムについて、もし $p \equiv Bp$ がそのシステムの

中で証明可能ならば p も証明可能である。

Discussion ゲーデルはいくつかのシステムについて、彼の不完全性定理を証明した。以前に簡単に触れたとおり、それらのシステムの中には算術のシステムも含まれている。これらのシステムはみな反射的な4型のシステムで、そしてそのおかげでゲーデルは議論を進めることができた。ゲーデルは、自分自身がシステムの中で証明不可能であることを主張する文 g を構成したのである。($g \equiv {\sim}Bg$ はシステムの中で証明可能である。)

後年、論理学者レオン・ヘンキンはシステムの中で $h \equiv Bh$ が証明可能な文 h を構成し、h がシステムの中で証明可能か否かを知る方法があるかどうかという問題を提起した。このような文 h は、「私はシステムの中で証明可能である」と主張しているようなものだと考えることができる。(「あなたは私が騎士だと信じる」と言う住人と似ている。) 表面的には、h が真でかつシステムの中で証明可能であることも、h が偽でシステムの中で証明不可能であることも同じくらいありうるように見える。この問題は数年のあいだ未解決のまま残り、最終的にレーブによって解決された。その答は前の系の中にある。もしシステムが反射的で4型ならば、ヘンキン文 h はシステムの中で証明することが実際に可能である。

反射的なゲーデル的システム ある命題 p があって、$p \equiv {\sim}Bp$ がシステムの中で証明可能であるとき、そのシステムはゲーデル的であるということを思いだそう。

4

すべての反射的な1型のシステムは、またゲーデル的でもある。これはなぜか?(解答は問題5のあとに与える。)

強反射性 もし、すべての命題 q について命題 p が存在して、$p \equiv B(p \supset q)$ がシステム S の中で証明可能ならば、S は**強反射的**であるということにする。

反射性と強反射性のあいだの関係は次の定理によって与えられる。

定理 R(反射性の定理) この定理は2つの部分からなる。

(a) 任意の強反射的な1型のシステムは反射的である。

(b) 任意の反射的な1*型のシステムは強反射的である。

5

定理 R を証明せよ。

問題 4 および 5 の解答

5. S を反射的で1型のシステムとする。すると、任意の命題 q について $p \equiv (Bp \supset q)$ が S の中で証明可能であるような p が存在する。ここで q として $\perp$ をとると、ある p が存在して $p \equiv (Bp \supset \perp)$ が S の中で証明可能である。ここで、$Bp \supset \perp$ は $\sim Bp$ と論理的に同値であり、ゆえに $p \equiv (Bp \supset \perp)$ は $p \equiv \sim Bp$ と論理的に同値である。だから $p \equiv \sim Bp$ は S の中で証明可能で、ゆえに S はゲーデル的である。(実際、本書では命題論理の基礎を $\supset$ と $\perp$ においているので、命題 $\sim Bp$ は命題 $Bp \supset \perp$ そのものである。だから実は、S が1型であるという仮定も必要ない。)

5. S を1型とし、q を任意の命題とする。

(a) S が強反射的であるとする。すると $p \equiv B(p \supset q)$ が S の中で証明可能であるような命題 p が存在する。S は1型であるから、ただちに $(p \supset q) \equiv (B(p \supset q) \supset q)$ が得られる。(任意の命題 X, Y, Z について命題 $(X \supset Z) \equiv (Y \supset Z)$ は $X \equiv Y$ の論理的帰結である。X として p を、Y として $B(p \supset q)$ を、Z として q をとれば命題 $(p \supset q) \equiv (B(p \supset q) \supset q)$ は $p \equiv B(p \supset q)$ の論理的帰結である。)したがって、ここに $p' \equiv (Bp' \supset q)$ が S の中で証明可能な命題 p' (すなわち $p \supset q$) が存在する。ゆえに S は反射的である。

(b) S が規則的でもある(したがって 1*型である)とし、また S は反射的であるとする。すると $p \equiv (Bp \supset q)$ が S の中で証明できるような命題 p が存在する。S は規則的であるから $Bp \equiv B(Bp \supset q)$ は証明可能である。ここで Bp を p' とおくと $p' \equiv B(p' \supset q)$ が証明可能であることがわかる。$p' \equiv B(p' \supset$

$q)$がSの中で証明可能な命題 p' が存在したので、Sは強反射的である。

Remarks　もちろん、上の定理とレーブの定理から任意の強反射的な4型のシステムはレーブ的であることが得られる。これは第15章の定理3の中で、別のやり方で証明した。

Ⅶ　さらなる深みへ

第18章　G型の推論者

謙虚な推論者

　もしすべての命題 p について推論者が $Bp \supset p$ を信じているならば、その推論者を自信過剰な推論者と呼ぶことにしていた。今、もし推論者が p を信じているとするならば、$Bp \supset p$ を信じたとしてもまったく傲慢なことはない。(実際、もし彼が p を信じていて1型ならば、彼は任意の命題 q に対して $q \supset p$ を信じる。なぜなら $q \supset p$ は p の論理的帰結だからである。その特別な場合として、彼は $Bp \supset p$ も信じるようになる。)

　すべての命題 p について、推論者が p を信じるならば、そしてそのときにかぎり $Bp \supset p$ を信じる(つまり、もし彼が $Bp \supset p$ を信じるならば、p を信じる)ならば推論者は**謙虚**であるという。システムとの類推から謙虚な推論者のことをレーブ的推論者とも呼ぶ。

　レーブの定理は、すべての反射的4型のシステムがレーブ的であることを意味している。推論者の言葉で表わすと、すべての反射的な4型の推論者は謙虚であるということになる。

　推論者が反射的な4型の推論者であるという仮定のもとで証明できることは多くの場合、彼が謙虚な4型の推論者であると仮定すると、よりすばやく

証明することができる。たとえば、謙虚な4型の(あるいは1型でもかまわない)推論者が自分を整合だと信じているとする。すると彼は~B⊥を信じる。ゆえに彼は論理的に同値な命題B⊥⊃⊥を信じる。すると、彼は謙虚なので必ず⊥を信じることになり、これは彼が不整合ということを意味する！　だからたとえ1型であっても、謙虚な推論者は不整合にならずに自分自身の整合性を信じることはできない。(これは、彼が不整合になることが必然であるという意味ではもちろんない。彼はたまたま整合であるかもしれないが、もし彼が整合で謙虚な1型の推論者であれば、彼は自分が整合であると信じることはできない。)

G型の推論者

　もし推論者がBp⊃pを信じるならばpも信じる場合に、彼は命題pに関して謙虚であるということにする。すると、推論者が謙虚であるとは、すべての命題pに関して推論者が謙虚であるということになる。次に、もし推論者が命題B(Bp⊃p)⊃Bp(彼がpを信じているならばpになる、ということをもし彼が信じているならば彼はpを信じるということ)を信じているならば、推論者は命題pに関して**自分が謙虚であると信じている**ということにする。また次に、すべての命題pに関して自分が謙虚であると推論者が信じているならば(いいかえれば、すべての命題pについて彼がB(Bp⊃p)⊃Bpを信じているならば)、彼は自分が謙虚であると信じているという。

　G型の推論者とは、自分が謙虚だと信じている(すべての命題pについてB(Bp⊃p)⊃Bpを信じている)4型の推論者をいう。**G型のシステム**とは、すべての命題pについて命題B(Bp⊃p)⊃Bpがそのシステムの中で証明可能な4型のシステムのことをいう。

　近年、G型のシステムに関してたいへんな量の研究が進められている。ジョージ・ブーロス(George Boolos)はこの主題に関する優れた本を上梓した。ブーロスの本[注]は、本書に続けて読むべきものとしてとくに推薦できる。

　注)　*THE UNPROVABILITY OF CONSISTENCY*(Cambridge University Press, 1979).

G 型の推論者に関するいくつかの質問がすぐに浮かんでくる。もし G 型の推論者が自分が謙虚だと信じているとすると、彼は必然的に謙虚であるだろうか？　この答がイエスであることを簡単に見ていこう。(実は、これから示すように自分自身が謙虚だと信じている任意の 1* 型の推論者は必ず謙虚なのである。) さて、実際に謙虚である 4 型の推論者についてはどうだろう。彼は必然的に自分が謙虚だと信じるのだろうか？　この答がイエスであることも、これから示す。これらから任意の 4 型の推論者は彼が自分を謙虚だと信じるならば、そしてそのときにかぎり (いいかえると G 型であるならば、そしてそのときにかぎり) 謙虚なのである。その後、クリプキとデジョン (D. H. J. de Jongh) とサンビン (Giovanni Sambin) の 3 人の論理学者によって別々に発見された驚くべき結果を示すことにする。その結果とは、自分が謙虚だと信じている任意の 3 型の推論者は必ず 4 型である (したがって G 型でもある) という事実である。

　もう 1 つ質問を提示する。任意の反射的な 4 型の推論者が謙虚であることはわかっている。(これがレーブの定理であった。) では、謙虚な 4 型の推論者は必然的に反射的になるのだろうか？　すなわち、ある 4 型の推論者が与えられたとき、任意の命題 q について命題 p が存在して彼が $p \supset (Bp \supset q)$ を信じるようになる、ということが必然的に真となるのだろうか？　この答がイエスであることを証明するのは難しくない。(次の章で実際に証明する。) したがって次の章の終りまでに、われわれは任意の推論者について次の 4 つの条件が同値であることを証明することになる。

(1)　彼は謙虚な 4 型の推論者である。
(2)　彼は G 型である (4 型で自分が謙虚だと信じている)。
(3)　彼は 3 型で、自分が謙虚だと信じている。
(4)　彼は反射的な 4 型の推論者である。

謙虚さと自分が謙虚であると信じること

任意の命題 p について、$B(Bp \supset p) \supset Bp$ という命題のことを Mp と書くこ

とにする。つまりMpは推論者がpに関して謙虚であるという命題である。まず自分が謙虚だと信じている任意の4型の推論者は、本当に謙虚であることを示そうと思う。よりくわしくいうと、次のようなもっと強い結果を示す。任意の命題pについて、もし自分がpに関して謙虚であると推論者が信じているならば（他の命題に関しては必然的に自分が謙虚であるとは信じない）、彼は本当にpに関して謙虚である。実際、これは正常な1型の推論者に対しても成り立つ。このより強い事実の逆は必ずしも真ではない。すなわち、もし4型の推論者がpに関して謙虚であっても、彼は自分がpに関して謙虚であるとは必ずしも信じない。しかしながら、次のことはあとで示す。もし4型の推論者が命題Mpに関して謙虚であれば、彼は自分がpに関して謙虚であると信じるようになる。いいかえると、もし彼がMpに関して謙虚であるならば、彼はMpを信じるようになる。もちろんこれからただちに、4型の推論者が（すべての命題に関して）謙虚ならば、彼は自分が謙虚であることを知っているといえる。

1

自分がpに関して謙虚であると信じている任意の正常な1型の推論者は（したがって任意の4型の推論者は）、本当にpに関して謙虚である。これはなぜか？

2

前の問題を使うと、任意の命題pが与えられたときに命題B(Mp)⊃Mpは任意の4型の推論者について真であるといえる。任意の4型の推論者が命題B(Mp)⊃Mpを信じていることを証明せよ。（彼は、もし自分がpに関して謙虚だと信じるならば、本当にpに関して謙虚である、ということを知っている。）

3

前の問題を使って、Mpに関して謙虚である任意の4型の推論者は、自分がpに関して謙虚であると信じるようになることを証明せよ。

問題 1 からは当然、自分が謙虚であると信じている任意の 4 型の推論者は本当に謙虚であることがいえる。そして問題 3 からは、もし 4 型の推論者が（すべての命題に関して）謙虚であるならば、彼は必然的に自分が謙虚であると信じることがいえる。(なぜなら、すべての命題 p に対して彼は Mp に関しては謙虚であるから、問題 3 によって彼は自分が p に関して謙虚であると信じるからである。) したがって、次の定理 M が得られる。

定理 M　4 型の推論者は、自分が謙虚であると信じているならば、そしてそのときにかぎり謙虚である。

　定理 M から、推論者は謙虚で 4 型であるならば、そしてそのときにかぎり G 型であることがわかる。推論者のかわりにシステムに関する用語で表現すると次の定理 M_1 を得る。

定理 M_1　4 型のシステムについて、以下の 2 つの条件は互いに同値である。

　(1)　任意の命題 p について、もし Bp⊃p がシステムの中で証明可能ならば p もシステムの中で証明可能である。
　(2)　任意の命題 p について、命題 B(Bp⊃p)⊃Bp はシステムの中で証明可能である。

　より簡潔に表現すると、4 型のシステムは G 型であるならば、そしてそのときにかぎりレーブ的である。
　前章ですべての反射的な 4 型のシステムはレーブ的であること（レーブの定理）を証明した。これと定理 M_1 を組み合わせることにより、重要な定理 M_2 が得られる。

定理 M_2　すべての反射的な 4 型のシステムは G 型である。

　定理 M_2 は次の章でも別の方法で証明する。

クリプキ・デジョン・サンビンの定理

次に、自分が謙虚だと信じている任意の3型の推論者は、自分が正常だということも必然的に信じるということ(したがって4型であり、またそれゆえG型であるということ)を証明しよう。

実際には、それ以上のことを証明する。もし推論者が命題pを信じているならば彼はBpも信じるようになるとき、推論者はpに関して正常であるということにしよう。また、推論者が正常であるとは、すべての命題pに関して推論者が正常であることをいう。もし推論者が命題$Bp\supset BBp$を信じているとき、推論者は自分がpに関して正常だと信じているということにする。(もちろん、もし推論者がpに関して実際に正常であるならば命題$Bp\supset BBp$は真である。)また、推論者が自分を正常だと信じているとは、推論者が、すべての命題pに関して自分は正常だと信じていることをいう。よって、4型の推論者とは自分が正常だと信じている3型の推論者のことである。クリプキ・デジョン・サンビンの定理は、自分が謙虚だと信じているすべての3型の推論者は自分が正常だということも信じるようになる(ゆえにG型である)ことを表わしている。ここでは、自分が謙虚だと信じているすべての1*型の推論者は、自分が正常だと信じるようになるという、より強い結果を証明する。しかしまず、実際に謙虚であるすべての1*型の推論者は正常であるという、より初歩的な結果を証明する。(おそらくこの結果ははじめて出てきたと思う。) そのあとでより洗練された形で証明することにする。

第10章で$(p\&Bp)$を表わすのにCpという記法を用いたことを思いだそう。ここで、Cpは「推論者はpを正しく信じる」と読むのであった。命題$Cp\supset p$, $Cp\supset Bp$, $p\supset(Bp\equiv Cp)$は、もちろんどれも恒真式である。まず次の補題が必要になる。

補題1 任意の1*型の推論者は次の命題を信じる。

(1) $BCp\supset BBp$

(2)　$p \supset (BCp \supset Cp)$

4

なぜ補題1は正しいのだろうか？

5

任意の謙虚な1*型の推論者は、必ず正常であることを示せ。もっとくわしくいうと(これはヒントでもある)、任意の命題pについて、もし1*型の推論者がCpに関して謙虚ならば、彼は必然的にpに関して正常であることを示せ。

6

自分が謙虚であると信じている任意の1*型の推論者は、必然的に自分が正常であると信じることを示せ。もっとくわしくいうと、任意の命題pについて、もし1*型の推論者が自分はCpに関して謙虚であると信じているならば、彼は自分がpに関して正常であると必然的に信じることを示せ。

すべての3型の推論者は(第11章で証明したように)1*型でもあるから、これで次の定理M_3が得られたことになる。

定理 M_3(クリプキ・デジョン・サンビンの定理)　自分が謙虚だと信じているすべての3型の推論者はG型である。

推論者のかわりにシステムでいえば、定理M_3は、任意の3型のシステムについて、もし$B(Bp \supset p) \supset Bp$という形のすべての命題がそのシステムの中で証明可能ならば、$Bp \supset BBp$という形の命題もすべてシステムの中で証明可能であり、ゆえにシステムは必然的にG型であるということを表わしている。

次の2つの練習問題では、上とはまた違ったやり方でG型の推論者の特徴を知ることができる。

練習問題1 任意の 4 型の推論者について次の 2 つの条件は同値であることを示せ。

(a) 推論者は G 型である。

(b) 任意の命題 p および q について、$B(q⊃p)⊃(B(Bp⊃q)⊃Bp)$ を推論者が信じている。

練習問題2 任意の 4 型の推論者について、次の 2 つの条件は同値であることを証明せよ。

(a) 彼は G 型である。

(b) 任意の命題 p および q について、もし彼が $(Bp\&Bq)⊃p$ を信じているならば、彼は $Bq⊃p$ を信じるようになる。

解答

1. 前提より推論者は Mp (すなわち命題 $B(Bp⊃p)⊃Bp$) を信じている。彼が p に関して謙虚であること、つまり、もし彼が $Bp⊃p$ を信じるならば p も信じることを示す。したがって彼が Bp を信じていると仮定して、彼が p を信じている (または信じるようになる) ことを示す。

彼は (仮定より) $Bp⊃p$ を信じているのであるから、彼は (正常なので) $B(Bp⊃p)$ を信じる。また、彼は前提より $B(Bp⊃p)⊃Bp$ を信じている。よって 1 型であることから彼は Bp を信じる (または信じるようになる)。彼はまた $Bp⊃p$ を信じているので、ゆえに彼は p を信じる (または信じるようになる)。

2. 本質的にこれは問題 1 と、4 型の推論者は自分を 4 型であると「知って」おり、ゆえに自分がどう推論するか知っているという事実からいえることである。

より細かくいうと推論者はこのように推論する。

「私が Mp を信じるとしよう。つまり私が $B(Bp⊃p)⊃Bp$ を信じるとしよう。私自身が p に関して謙虚であること、つまりもし私が $Bp⊃p$ を信じてい

るならば私が p を信じるようになることを示そう。そこで、私が $Bp\supset p$ を信じているとする。すると、あとは私は p を信じるようになることを示せばよい。

だから私が $B(Bp\supset p)\supset Bp$ と $Bp\supset p$ を信じていると仮定する。それから私が p を信じるようになることを示さなければならない。さて、私は(私の 2 番めの仮定より)$Bp\supset p$ を信じるから $B(Bp\supset p)$ を信じるようになる。また、私は(私の 1 番めの仮定より)$B(Bp\supset p)\supset Bp$ を信じるから Bp を信じるようになる。Bp と $Bp\supset p$ を信じたからには私は p を信じるようになる。」

この時点で推論者は、2 つの仮定 $B(Mp)$ と $B(Bp\supset p)$ から Bp を導いた。彼は $(B(Mp)\&B(Bp\supset p))\supset Bp$ と論理的に同値な命題 $B(Mp)\supset(B(Bp\supset p)\supset Bp)$ を信じるようになる。後者は命題 $B(Mp)\supset Mp$ にほかならない。

3. もし推論者が $B(Mp)\supset Mp$ を信じていて、かつ Mp に関して謙虚ならば、もちろん彼は Mp を信じるようになる。(なぜなら任意の命題 q について、もし彼が $Bq\supset q$ を信じていて q に関して謙虚ならば、彼は q を信じるようになるからである。この場合 q は命題 Mp である。) ここで(前問で示したように)4 型の推論者は $B(Mp)\supset Mp$ を現に信じるから、もし彼が Mp に関して謙虚ならば彼は Mp を信じるようになる(つまり、彼は自分が p に関して謙虚であると信じるようになる)。

4. 推論者が 1* 型であると仮定する。

　(a)　彼は 1 型であるから恒真式 $Cp\supset Bp$ を信じる。また、彼は規則的であるから、よって彼は $BCp\supset BBp$ を信じるようになる。

　(b)　彼は 1 型であるから恒真式 $Cp\supset p$ を信じる。また、彼は規則的であるから $BCp\supset Bp$ を信じる。よって、彼は 1 型であることから $(p\&BCp)\supset(p\&Bp)$ を信じる。これは、すぐ前の命題の論理的帰結である。したがって、彼は $(p\&BCp)\supset Cp$ を信じる(なぜならば Cp とは命題 $p\&Bp$ のことであるから)。それゆえ、論理的に同値な命題 $p\supset(BCp\supset Cp)$ を彼は信じるようになる。

5. ある 1* 型の推論者が命題 Cp に関して謙虚であったとする。すると彼が p に関して正常であることを示す。

彼が p を信じているとする。補題 1 の (b) によって彼はまた $p\supset($BC$p\supset$C$p)$ も信じており、ゆえに彼は BC$p\supset$Cp を信じる。これを信じていることと Cp に関して謙虚であることにより、彼は Cp を信じるようになる。また彼は恒真式 C$p\supset$Bp を信じており、かつ Cp を信じているので彼は Bp を信じる。

これで、もし彼が p を信じるならば、彼は Bp を信じること、ゆえに彼が p に関して正常であることが証明できた。

6. ある 1* 型の推論者が、自分は Cp について謙虚であると信じているとする。補題 1 の (b) より彼は $p\supset($BC$p\supset$C$p)$ を信じる。彼は規則的であるから、彼は B$p\supset$B(BC$p\supset$C$p)$ を信じる。ところが、彼は自分が Cp に関して謙虚だと信じているから、彼はまた B(BC$p\supset$C$p)\supset$BCp を信じている。この 2 つの命題を信じることにより、彼は B$p\supset$BCp を信じるようになる。補題 1 の (a) より彼は BC$p\supset$BBp も信じており、それゆえ B$p\supset$BBp を信じる。すなわち彼は自分が p に関して正常であると信じるようになる。

練習問題 1 の解答　(a)　G 型の推論者は、次のように推論する。「B($q\supset p$) かつ B(B$p\supset q$) だとする。これは私が $q\supset p$ と B$p\supset q$ を信じることを意味している。ゆえに私は B$p\supset p$ を信じ、私は謙虚であるから p を信じる。したがって、(B($q\supset p$)＆B(B$p\supset q$))$\supset$Bp である。または論理的に同値な命題にいいかえると B($q\supset p$)$\supset$(B(B$p\supset q$)$\supset$Bp) である。」

(b)　任意の命題 p および q について、4 型の推論者が B($q\supset p$)$\supset$(B(B$p\supset q$)$\supset$Bp) を信じているとする。すると、これは q と p が同じ命題であるときにも真であるから、彼は B($p\supset p$)$\supset$(B(B$p\supset p$)$\supset p$) を信じる。彼は恒真式 $p\supset p$ を信じており、かつ正常なので B($p\supset p$) を信じる。ゆえに彼は B(B$p\supset p$)$\supset$Bp を信じる。それゆえこの推論者は G 型である。

練習問題 2 の解答　(a)　4 型の推論者が (Bp＆Bq)$\supset p$ を信じているとする。すると彼は、次のように推論する。「(Bp＆Bq)$\supset p$ である。ゆえに B$q\supset$(Bp

⊃p)である。今、私は Bq⊃(Bp⊃p)を信じている。ここで、Bqであるとする。すると私は Bqを信じることになり、私は Bq⊃(Bp⊃p)を信じているから Bp⊃pを信じることになる。そしてそれゆえ Bq⊃B(Bp⊃p)である。また B(Bp⊃p)⊃Bpであり、これより Bq⊃Bpである。したがって Bq⊃(Bp&Bq)である。そして(Bp&Bq)⊃pであるから Bq⊃pである。」

(b) 4型の推論者がいて、任意の命題pおよびqについて、もし彼が(Bp&Bq)⊃pを信じるならば、彼は Bq⊃pを信じるとする。このとき、彼が謙虚である(そして、それゆえ G 型である)ことを示す。

彼が Bp⊃pを信じているとする。よって任意の命題qについて彼は確かに(Bp&Bq)⊃pを信じる。ゆえに任意の命題qについて彼は Bq⊃pを信じる。さて、彼が信じるような任意の命題(たとえば、ある真である命題)をqとする。すると彼は Bqを信じ、また Bq⊃pを信じていることから、彼はpを信じるようになる。

第19章 謙虚さ、反射性、そして安定性

さらにG型の推論者について

1

整合なG型の推論者について、たいへん興味深い事実がある。これは整合で謙虚な1^*型の推論者についてさえもいえることなのだが、pを信じないということを彼が信じることができるような命題pは存在しない、ということである！（彼は$\sim Bp$を信じることができない！）なぜだろうか？

2

ゆえに、G型の推論者がpを信じないということを信じるならば（彼はpを信じないということが真かもしれないのに）、彼は不整合になるということが導かれる。このように、どんなG型の推論者に対しても、命題$B\sim Bp\supset B\bot$は真である。

すべてのG型の推論者、およびすべての命題pについて、命題$B\sim Bp\supset B\bot$は真であるばかりか、実際に推論者は、真であることを知っているという

ことを証明せよ。

3

この問題は以前の定理をより鋭くしたものである。すべての反射的な4型の推論者はG型であることを、どのようにして証明したか思いだしてみよう。これは2段に分けて証明された。最初に、すべての反射的な4型の推論者はレーブ的であることを証明し（レーブの定理）、次に、すべての4型のレーブ的推論者もG型であることを証明した。

ここで、必ずしも反射的ではない4型の推論者について考えてみよう。彼が $p \equiv (Bp \supset q)$ であることを信じるような命題 p が、ある命題 q に対しては存在するが、他の命題 q に対しては、そのような p は存在しないかもしれないような場合である。次のことをわれわれはすでに知っている。与えられた q に対して推論者が $p \equiv (Bp \supset q)$ を信じるような p があって、もし推論者が $Bq \supset q$ を信じているならば、（第15章定理1より）彼は q も信じるだろう、ゆえに命題 $B(Bq \supset q) \supset Bq$ は真である。しかし、実をいうと、これはその命題が真であることを推論者は必然的に知っている、ということを意味しているだろうか？　その答がこの問題の解である。

任意の命題 p および q に関して、もし4型の推論者が $p \equiv (Bp \supset q)$ を信じるならば、彼は $B(Bq \supset q) \supset Bq$ を信じるということを証明せよ。

Discussion　もちろん問題3の解は、すべての反射的な4型の推論者はG型でなければならない、という命題の別の証明を与える。ここで、心に留めておいてほしいことをもう少し述べておこう。

問題3から、任意の命題 p と q が与えられたとき、命題 $B(p \equiv (Bp \supset q)) \supset (B(Bq \supset q) \supset Bq)$ は、すべての4型の推論者にとって真である。すべての4型の推論者は、この命題が真であることを実際に知っているということを示すことができる。読者はこれを練習問題として解いてみるとよいだろう。

不動点原理[注)]

すべての反射的な4型の推論者はG型であることの証明を、これまで2つ見てきたわけである。あとで、すべてのG型の推論者は反射的である(すなわち、任意のqに対して、あるpがあって、彼は$p\equiv(Bp\supset q)$を信じる)ことを簡単に証明するが、まず予備的な問題から始めよう。

4

$p\equiv\sim Bp$の形の命題を信じることの危険性についてはすでに警告しておいた。もっとも、もしあなたがG型の推論者であったなら、他に選択の余地はないだろう！

G型の推論者が与えられているとき、彼が$p\equiv\sim Bp$を信じなければならないような命題pを見つけよ。

5

任意のG型の推論者が与えられているとき、彼が$p\equiv B\sim p$を信じるような命題pがあるということもまた真である。これを証明せよ。

6

命題qが与えられているとき、任意のG型の推論者が$p\equiv B(p\supset q)$を信じるような(qに関して表現可能な)命題pを見つけよ。

7

$Bp\supset q$について同様なことをせよ。すなわち、任意のG型の推論者が$p\equiv(Bp\supset q)$を信じるような命題pを見つけよ。

Note 最後の問題の結論は、任意のG型の推論者は反射的である、というこ

注) これらは最後の章で議論されている特筆すべき事実の特別な場合である。

とである。すべての反射的な 4 型の推論者は G 型であることは、すでに証明したので、次の定理 L* を得る。

定理 L* 彼が反射的ならば、そしてそのときにかぎり 4 型の推論者は G 型である。

さらに不動点の性質について

8

G 型の推論者と任意の命題 p と q が与えられているとき、推論者が $p \equiv B(p \supset q)$ を信じるならば、彼は $p \equiv Bq$ を信じるようになることを示せ。

9

G 型の推論者が $p \equiv (Bp \supset q)$ を信じるならば、彼は $p \equiv (Bq \supset q)$ を信じるようになることを示せ。

10

G 型の推論者が騎士と奇人の島に行き、(そして島の規則を信じて) 1 人の住人に結婚しているかどうかを尋ねた。住人はこう答えた。「あなたは、私が騎士であるか、または私が結婚しているということを信じるだろう。」
　その住人が結婚していることを推論者は必然的に信じることになるだろうか？　住人が騎士であることを必然的に信じることになるだろうか？

安定性

　次章の準備として、ここで**安定性**の概念を導入する。
　推論者が、各命題 p に関して、自分は p を信じるということを信じるならば彼が本当に p を信じるとき、その推論者は**安定**であるという。安定でない

推論者を**不安定**であるという(すなわち、少なくとも1つの命題 p に関して推論者は p を信じるということを信じるが、実際には彼は p を信じない場合である)。もちろん、すべての正確な推論者は自動的に安定であるが、安定性は正確性よりずっと弱い条件である。不安定な推論者は、たいへん風変わりな仕方で不正確である。実のところ、不安定性は異常性と同じくらい奇妙な心理的性格なのである。

安定性は正常性の逆であることに注意しておこう。正常な推論者が p を信じるならば彼は Bp を信じるのに対して、安定な推論者は Bp を信じるならば彼は p を信じる。

推論者に対して使うのと同様に、安定および不安定という言葉を数理システムに対しても使うことにする。数理システム S が安定であるとは、任意の命題 p について Bp が S において証明可能であるならば、p もそうであるときである。命題 $BBp \supset Bp$ が真であるとき、すなわち、ある p を信じるという信念が実際に p を信じることを保証するとき、この推論者はその特定の命題 p に関して安定であるという。ある推論者が命題 $BBp \supset Bp$ を信じるとき、彼は p に関して自分が安定であることを信じるという。そして、任意の命題 p に関して彼が $BBp \supset Bp$ を信じる(任意の p に対して、自分が p に関して安定であると信じる)とき、彼は自分が安定であると信じるということにする。

11

謙虚な推論者が、自分が安定であることを信じるならば、彼は不安定であるか、または不整合であるということを証明せよ。

Remark この結果は、もちろん、自分が安定であることを知りうる整合で安定な G 型の推論者は存在しない、ということを含意している。

解答

1. 謙虚な 1^* 型の推論者が $\sim Bp$ を信じているとする。彼は恒真式 $\bot \supset p$ も信じているので $B\bot \supset Bp$ を信じる(なぜなら、彼は規則的だから)。ゆえに、彼は論理的に同値な命題 $\sim Bp \supset \sim B\bot$ を信じる。これより、彼は $\sim Bp \supset (B\bot \supset$

⊥)を信じる。彼は~Bpを信じているので、(B⊥⊃⊥)を信じる。さらに、彼は謙虚であるので、⊥を信じるだろう。これは彼が不整合であることということを意味している。それゆえ、もし彼が整合(かつ謙虚な 1* 型の推論者)ならば、彼は~Bpをけっして信じない。

2.任意の 4 型の推論者(あるいは、任意の正常な 1* 型の推論者でもよい)は、以下のことを順次信じる。

(1)　⊥⊃p
(2)　B⊥⊃Bp
(3)　~Bp⊃~B⊥
(4)　~B⊥⊃(B⊥⊃⊥)――これは恒真式
(5)　~Bp⊃(B⊥⊃⊥)――(3)と(4)による
(6)　B~Bp⊃B(B⊥⊃⊥)

もし推論者が G 型ならば、彼は B(B⊥⊃⊥)⊃B⊥ も信じるようになる、ゆえに、彼は B~Bp⊃B⊥ を信じる。

3.4 型の推論者が $p≡(Bp⊃q)$ を信じるとしよう。彼が Bp⊃Bq を信じるということは第 15 章の補題 1(133 ページ)で示した。彼は正常なので、自分が $p≡(Bp⊃q)$ を信じるということを信じるだろうし、また自分が Bp⊃Bq を信じるということも信じるだろう。だから、彼はこう推論する。「私は $p≡(Bp⊃q)$ を信じ、Bp⊃Bq ということも信じる。今、私が Bq⊃q を信じるとしよう。すると、私は Bp⊃Bq を信じているので、Bp⊃q を信じるだろう。また、私は $p≡(Bp⊃q)$ を信じているので、p を信じるだろう。したがって、私は Bp を信じる。さらに、私は Bp⊃q を信じているので、q を信じるだろう。これは、私が Bq⊃q を信じるならば q を信じるということを示している。」
このことから、推論者は B(Bq⊃q)⊃Bq を信じる。

4 と 5．まず問題 5 から解いてみる。ここで、p を B⊥ と考える。われわれは任意の G 型の推論者が B⊥≡B~B⊥ を信じることを(よって、命題 B⊥ を

p としたとき、$p \equiv B \sim p$ を信じるということを)要請するのである。

問題2において、任意の命題 p に対してG型の推論者が $B \sim Bp \supset B\bot$ を信じるということは示した。ゆえに、(p を $\bot$ とおけば)彼は $B \sim B\bot \supset B\bot$ を信じる。また、彼は恒真式 $\bot \supset \sim B\bot$ も信じ、したがって、$B\bot \supset B \sim B\bot$ を信じる。そして、彼が $B \sim B\bot \supset B\bot$ を信じるということから、彼は $B\bot \equiv B \sim B\bot$ を信じなければならない。

問題4の解に移ろう。この推論者が $B\bot \equiv B \sim B\bot$ を信じるということは、たった今示した。ゆえに、彼は $\sim B\bot \equiv \sim B \sim B\bot$ を信じる。だから、命題 $\sim B\bot$ を p とおけば、彼は $p \equiv \sim Bp$ を信じる。

普通の言葉でいえば、G型の推論者は、自分が整合である、ということを信じていないならば、そしてそのときにかぎり、自分は整合であるという命題を信じるのである。彼はまた、自分が整合であるということを信じているならば、そしてそのときにかぎり、自分は不整合である、という命題も信じる。

6. 解は p を Bq とおくことである。これがうまくいくことを検証してみよう。この推論者は恒真式 $q \supset (Bq \supset q)$ を信じ、彼は規則的であるから、$Bq \supset B(Bq \supset q)$ を信じる。彼は(G型であるから)$B(Bq \supset q) \supset Bq$ も信じており、ゆえに $Bq \equiv B(Bq \supset q)$ を信じなければならない。それゆえ、p が命題 Bq であるとき、彼は $p \equiv B(p \supset q)$ を信じる。

7. この推論者が $Bq \equiv B(Bq \supset q)$ を信じるということはすでに示してある。すると、命題論理によって彼は $(Bq \supset q) \equiv B(Bq \supset q) \supset q$ を信じるようになる。したがって、今 p が命題 $Bq \supset q$ であるとすると、彼は $p \equiv (Bp \supset q)$ を信じる。(Note—これは、定理Rの証明(第17章, 156ページ)と同じである。問題6から推論者は強反射的であり、したがって定理Rの(a)から、彼は反射的である。)

8. 彼が $p \equiv B(p \supset q)$ を信じるものとしよう。すると、第15章の補題3(137ページ)によって、彼は $p \supset Bq$ を信じる。彼はまた、恒真式 $q \supset (p \supset q)$ も信じ、

規則的であるので、$Bq \supset B(p \supset q)$ を信じる。また、彼は $p \equiv B(p \supset q)$ を信じているので、$B(p \supset q) \supset p$ も信じなければならない。彼は $Bq \supset B(p \supset q)$ と $B(p \supset q) \supset p$ を信じているので、$Bq \supset p$ を信じるだろう。したがって、彼は $Bq \supset p$ と、(すでに示したように) $p \supset Bq$ を信じる。ゆえに、彼は $p \equiv Bq$ を信じなければならない。

9.彼が $p \equiv (Bp \supset q)$ を信じるものとしよう。すると、彼は $p \supset (Bp \supset q)$ を信じるようになり、また、第15章の補題1によって、$Bp \supset Bq$ も信じるようになる。彼は恒真式 $q \supset (Bp \supset q)$ を信じ、したがって ($p \equiv (Bp \supset q)$ も信じるので) $q \supset p$ を信じるだろう。しかし、彼は規則的であるので $Bq \supset Bp$ を信じる。これと、$Bp \supset Bq$ を信じていることから、彼は $Bp \equiv Bq$ を信じるだろう。よって、命題論理を使って、彼は $(Bp \supset q) \equiv (Bq \supset q)$ を信じるようになる。ゆえに、彼は $p \equiv (Bp \supset q)$ を信じているので、$p \equiv (Bq \supset q)$ を信じるようになる。

10.この推論者はその住人が結婚しているかどうかについては何の意見ももたないが、彼はその住人が騎士であることは信じるだろう。このことは以下のようにしてわかる。

m をその住人は結婚しているという命題としよう。その住人は $B(k \vee m)$ を主張した (ここで、k はその住人が騎士であるという命題)。よって、この推論者は $k \equiv B(k \vee m)$ を信じる。したがって、彼は $k \supset B(k \vee m)$ を信じるはずである。彼はまた、恒真式 $k \supset (k \vee m)$ も信じているので、(規則的であることから) $Bk \supset B(k \vee m)$ を信じるようになる。彼が $k \equiv B(k \vee m)$ を信じていることから、$B(k \vee m) \supset k$ も信じる。ゆえに、彼は $Bk \supset k$ を信じるであろう。すると、G型であることより、彼は k を信じる。

11.彼が自分は安定であると信じているとしよう。すると、各命題 p に対して彼は $BBp \supset Bp$ を信じ、ゆえに、$BB\bot \supset B\bot$ を信じる。もし彼が謙虚であるならば、彼は $B\bot$ を信じるだろう。(なぜならば、任意の命題 q に対して、$Bq \supset q$ を信じる謙虚な推論者は q を信じる。q が $B\bot$ という命題であっても、これは真である。) 彼は $B\bot$ を信じるので、彼が安定であれば、$\bot$ を信じるの

で彼は不整合になる。このことは、もし彼が$BB\bot \supset B\bot$を信じるならば、彼は謙虚、安定、かつ整合ではありえないということを証明している。それゆえ、もし彼が謙虚、安定、かつ整合であるならば、彼は$BB\bot \supset B\bot$を信じえず、したがって彼は自分が$\bot$に関して安定であることを知りえない。

VIII　決められない！

第20章　永遠に決められない

われわれは、ゲーデルの第2不完全性定理(整合な4型のゲーデル的システムは自分のシステムの整合性を証明できない)について議論してきた。しかし、彼の第1不完全性定理については、まだ議論していない。ここでは、その定理について、まず騎士と奇人の島の推論者になぞらえて考えてみよう。

ここで、この前の章の「もしすべての命題pに関して、ある推論者が、Bpを信じるならば、pを信じるとき、彼は安定であると呼ばれる」ことを思いだしておこう。

不完全性の問題

われわれは、ある推論者の信念システムにおいて、もし推論者がpを信じることがなく、かつ$\sim p$を信じることもない(彼は、pが真であるか偽であるか永遠に決められない)ような命題pが少なくとも1つ存在するとき、そのシステムは「**不完全**」であるという。

次の問題は、ゲーデルの第1不完全性定理をもとにしている。

1

ある正常な1型の推論者が騎士と奇人の島を訪れた。彼は、島の規則を信

じている(島の規則が実際に成り立つかどうかは問題ではない)。彼は、ある住人に会い、その住人は次のように言った。「あなたは、私が騎士であると信じることはないでしょう。」

もしその推論者が整合で安定であるとしたとき、彼の信念システムが不完全であることを証明せよ。より詳細にいえば、次の2つの条件が成立するような命題 p を見つけよ。

(a) もし推論者が整合ならば、彼は p を信じない。
(b) もし推論者が整合で安定ならば、彼は $\sim p$ を信じない。

2．1の双対問題

住人は上のかわりに次のように言ったとする。「あなたは、私が奇人であると信じるでしょう。」 ここで、上の問題1の(a)と(b)の条件を満たす命題 p を見つけよ。

問題1の解答に用いたのと同じ推論を、推論者ではなく数理システムに適用すると、次のような形のゲーデルの第1不完全性定理を得る。

定理1 任意の整合で正常で安定な1型のゲーデル的システムは、不完全でなければならない。より詳細には、S が正常な1型のシステムで、p が $p \equiv \sim Bp$ が S で証明可能であるようなある命題であるとき、S が整合なら p は S で証明不可能で、S が安定なら $\sim p$ も S で証明不可能である。

ある命題 p は、それ自身もその否定 $\sim p$ も S で証明不可能であるとき、システム S で決定不可能であるという。したがって、ゲーデルの第1不完全性定理は、次のように言っている。任意の整合で正常で安定なゲーデル的システム S に関して、S の言語で表現可能であるにもかかわらず、S で決定不可能である、つまり S で証明も反駁もされない命題が必ず、少なくとも1つは存在する。

3. 1の変形

住人がかわりに次のように言ったとする。「あなたは、私が騎士であるとあなたが信じないことを信じるでしょう。」このとき、問題1の条件(a)と(b)を満足する命題 p を見つけよ。

ω 整合性

自然数は、0と正の数 1, 2, 3, … の全体として定義される。これから、数というときは、自然数を意味するものとする。今、(自然)数の性質 P を考える。任意の数 n に関して、n が性質 P をもつことを P(n) と書くことにする。たとえば、P を偶数であるという性質とすると、P(n) は n が偶数であることを意味している。このとき、P(0), P(2), P(4), … はすべて真の命題である。また、P(1), P(3), P(5), … はすべて偽の命題である。一方、P を奇数であるという性質とすると、P(0), P(2), P(4), … はすべて偽の命題であり、P(1), P(3), P(5), … はすべて真である。

論理学において、「…が存在する」を表わす標準的記号は、"∃"であり、それは**存在量化子**として知られている。数の任意の性質 P に関して、少なくとも1つの数 n が性質 P をもつという命題を ∃nP(n) のように書く。今、ある数理システムとある性質 P があり、命題 ∃nP(n) がそのシステムで証明可能であるとする。しかし、また個々の n に関して、〜P(n) が証明可能である、つまり、〜P(0), 〜P(1), …, 〜P(n), … が証明可能であるとする。このことは、このシステムは一方では、ある数は性質 P をもつという一般的な命題が証明でき、他方では、個々の特定の数がその性質をもたないことが証明される。 このシステムは何かがまちがっている。なぜなら、∃nP(n) が真ならば、命題 〜P(0), 〜P(1), …, 〜P(n), … がすべて真であることは不可能である。しかし、このようなシステムが必ずしも不整合であるとは限らない。つまり、これらの命題から必ずしも形式的な矛盾が導かれるわけではない。しかしながら、このようなシステムには、ω **不整合**という名前がある。（"ω"という記号は自然数の集合を表わすのに用いられることが多い。）

では、次のような類似した状況を考えてみよう。ある人があなたに小切手

を渡して、次のように言ったとする。「どこかの銀行で使えますよ。」世界には有限の銀行しかないと仮定すると、あなたは有限時間内にその小切手が使えるかどうか確認することができる。単純に、すべての銀行で使えるかどうか試してみればいいのである。もし、少なくとも1つの銀行でそれが使えたならば、あなたはその小切手が有効であることがわかる。もし、すべての銀行で使えなければ、あなたはその小切手が無効であることに対する確実な証拠が得られたことになる。しかし、あなたが無限に多くの銀行がある世界にいる、とする。各々の銀行は自然数で順序づけられている。銀行0、銀行1、銀行2、…のように。また、あなたが不死で、無限に長い時間を小切手の確認に費やすことができるとする。ここで、実際にはどの銀行もその小切手を受けつけることができないとすると、その小切手は実際は無効である。しかし、いかなる有限時間にも、あなたはそのことを証明することができない！あなたは、1000億の銀行で試してみても、そのすべてに断わられるだろう。しかし、それが小切手を渡した人が嘘を言ったことの証拠になるわけではない。その人はこう言うだろう。「待ちなさい。私を嘘つきと言ってはならない。あなたはまだすべての銀行で試していないではないか！」つまり、あなたは、本当の不整合性に達することはない。達するのはω不整合性だけである。(このことでさえ、あなたは有限時間内にはわからない。)

　ω不整合性に関しては、数学者のポール・ハーモス(Paul Halmos)によってユーモラスに次のように語られている。彼はω不整合な母親を次のように定義している。その母親は自分の子供に次のように言うのである。「世の中には、してもいいことがあるのよ。でも、これはしちゃダメだし、あれもダメ、それからこれもダメだわね。………」子供が言う。「おかあさん、してもいいことは何もないの？」母親が答える。「もちろんあるわよ。でも、これはダメ、あれもダメ、……。」

　あるシステムは、もしそれがω不整合でなければ、ω整合と呼ばれる。つまり、ω整合なシステムに関しては、もし$\exists n P(n)$が証明できれば、少なくとも1つの数nに関して命題$\sim P(n)$が証明不可能である。不整合な1型のシステムは、ω不整合でもある。なぜなら、不整合な1型のシステムでは、あらゆる命題が証明可能であるからである。いいかえると、1型のシステムに関し

て、ω整合性は、自動的に(通常の)整合性を含意する。ω整合性について議論するとき、「単純整合性」という言葉は、通常の整合性を意味するのに用いる。(これは、混同するのを防ぐためである。)また、この意味で、任意のω整合な1型のシステムは、単純整合でもある。

それでは、話を推論者の問題に戻すことにする。これまで考えてきたすべての問題において、推論者がさまざまな命題を信じる順序には意味がなかった。しかし、この章の残りの問題では、その順序が重要な意味をもっている。

ある日、推論者が騎士と奇人の島にやってきた。その日は第0番日と呼ばれる。翌日は第1番日と呼ばれ、その翌日は第2番日で、以下同様である。任意の自然数nに関して、第n番日が存在する。それは、推論者は不死であるという仮定があるため、彼には無限に多い日々が存在するからである。すべての自然数nと任意の命題pに関して、$B_n p$ は推論者が第n番日中のいつか命題pを信じるという命題を表わしている。命題Bpは、従来どおり、推論者がpをいつの日か信じることを表わす。それは、$\exists n B_n p$(第n番日に推論者がpを信じるような、あるnが存在する)と同じ意味である。もし推論者がBpを信じるような少なくとも1つの命題pが存在し、各々の特定なnに関して、推論者が$\sim B_n p$を信じるならば、その推論者はω**不整合**であると呼ばれる。推論者は、もし彼がω不整合でなければ、ω**整合**であると呼ばれる。

ここで、次の3つの条件を満たす、ある推論者について考える。

条件 C_1　彼は1型である。

条件 C_2　任意の自然数nと任意の命題pに関して、(a)もし推論者が第n番日にpを信じるならば、彼は(遅かれ早かれ)$B_n p$を信じる、(b)もし彼は第n番日にpを信じないならば、彼は(遅かれ早かれ)$\sim B_n p$を信じる。(つまり、推論者は過去のすべての日において、どんな命題を信じ、どんな命題を信じなかったかを覚えていることになる。)

条件 C_3　任意のnとpに関して、推論者は命題$B_n p \supset Bp$(これは、当然、真の命題である)を信じる。

次の問題は、ゲーデルのオリジナルの第1不完全性定理にとても似かよっている。

4．（ゲーデルによる）

上の3つの条件を満たす推論者が騎士と奇人の島を訪れた。彼は島の規則を信じているとする。彼は次のように言うある住人に出会った。「あなたは、私が騎士であると信じることはないでしょう。」 このとき、次のことを証明せよ。

(a) もし推論者が(単純)整合ならば、彼はその住人が騎士であると信じることはない。

(b) もし推論者が ω 整合ならば、彼はその住人が奇人であると信じることはない。

したがって、もし推論者が ω 整合(すなわち、単純整合でもある)ならば、彼は、その住人が騎士であるか奇人であるか、永遠に決められないのである。

解答

1. 問題となる命題 p は、単純に、住人が騎士であるという命題 k である。

その住人は $\sim Bk$ と言ったのであるから、推論者は $k \equiv \sim Bk$ を信じることになる。

(a) その推論者は k を信じているとする。このとき、彼は正常であるから、彼は Bk を信じる。彼はまた $\sim Bk$ を信じる(彼は k を信じ、また $k \equiv \sim Bk$ を信じ、かつ彼は1型であるから)、したがって、彼は不整合になってしまう。つまり、もし彼が整合ならば、彼は k を信じることはない。

(b) その推論者は1型で、$k \equiv \sim Bk$ を信じるから、彼は $\sim k \equiv Bk$ も信じる。今、彼が $\sim k$ を信じているとすると、彼は Bk を信じる。もし彼が安定なら、彼は k を信じ、彼は($\sim k$ を信じるから)不整合になってしまう。したがって、もし彼が安定でかつ整合ならば、彼は $\sim k$ を信じることはない。

まとめると、もし彼が安定で整合ならば、彼はその住人が騎士であると信

じないし、また、その住人が奇人であると信じることもない。

2. 前の問題の解答から、任意の命題 p(それは特定の命題 k である必要はない)に関して、もしある正常な1型の推論者が $p \equiv \sim Bp$ を信じるとき、彼が整合ならば、p を信じることはない、また、彼が安定ならば、$\sim p$ を信じることはない。ここで、今回の問題では、推論者は $k \equiv B \sim k$ を信じる。したがって、(彼は1型であるから)彼は $\sim k \equiv \sim B \sim k$ を信じる、ここで、$\sim k$ を p とすると、彼は $p \equiv \sim Bp$ を信じる。したがって、もし彼が整合ならば、その住人が奇人であると信じることはない、また彼が安定ならば、その住人が騎士であると信じることもない。

3. この問題では、命題 p は $\sim Bk$ である。以下、それを示す。

推論者は $k \equiv B \sim Bk$ を信じる。

(a) 彼は $\sim Bk$ を信じるとすると、彼は正常であるから、$B \sim Bk$ を信じ、それより、k を信じる(彼は $k \equiv B \sim Bk$ を信じ、かつ1型であるから)。彼は k を信じ、かつ正常であることから、Bk を信じる。したがって、彼は Bk と $\sim Bk$ をともに信じることになり、不整合になってしまう。つまり、もし彼が整合ならば、$\sim Bk$ を信じることはない。

(b) 彼は $\sim\sim Bk$ を信じるとすると、Bk を信じるから、もし彼が安定ならば、k を信じる。すると、彼は $B \sim Bk$ を信じる(彼は $k \equiv B \sim Bk$ を信じ、かつ1型であるから)。このとき、やはり彼が安定であると仮定すると、$\sim Bk$ を信じる。したがって、彼が $\sim\sim Bk$ を信じることより、不整合になってしまう。このことは、もし推論者が整合でかつ安定ならば、彼は $\sim\sim Bk$ を信じることはないことを示している。

4. 問題1の解答から、この問題を解くもっとも簡単な方法は、条件 C_1, C_2, C_3 を満たす任意の推論者が正常でなければならず、また彼が ω 整合ならば、彼は安定でなければならないことを示すことである。

(a) 推論者が正常であることを示す。彼がある命題 p を信じるとすると、

彼はあるnに関して、第n番日にpを信じることになる。このとき条件C_2の(a)より、彼は$B_n p$を信じる。彼はまた条件C_3より$B_n p \supset Bp$を信じる。彼は1型であるので(条件C_1)、Bpを信じる。したがって、彼は正常である。

　(b)　推論者がω整合とすると、彼が安定であることを示す。彼がBpを信じるとする。もし彼がpを信じないとすると、すべての数nに関して、第n番日にpを信じることに失敗する。また、条件C_2の(b)より、すべてのnに関して、彼は$\sim B_n p$を信じる。しかし、彼はBpを信じることから、ω不整合になってしまう。したがって、もし彼がω整合でBpを信じるならば、いつの日かpを信じなければならない。このことは、もし彼がω整合ならば、(彼が条件C_1, C_2, C_3, あるいは条件C_2の(b)だけでも満足するという仮定のもとに)安定でなければならない。

　したがって、問題1より、彼はやはり住人が騎士であるか奇人であるか「永遠に決められない」のである。

第21章 さらに決定不可能性について

ロッサー型の推論者

　ゲーデルはすべての数理システムが、それらが ω 整合であるという仮定のもとに、不完全であることを証明した。バークレイ・ロッサー(J. Barkley Rosser)はその後、これらのシステムが、より弱い仮定、すなわちそれらが単純整合であるという仮定のもとに不完全であることを示す巧妙な手法を発見した。ロッサーによって考案された決定不可能な文は、ゲーデルのそれより複雑である。しかし、その決定不可能性は、単純整合であるという仮定だけで成立しうるのである。

　再び騎士と奇人の島の推論者の話に戻ることにしよう。ただし、今度は推論者がさまざまな命題を信じる順序によって結果に違いが生じる。任意の命題 p と q に関して、もし推論者が p を信じ、かつ、まだ q を信じていないような日が存在するとき、推論者は「q を信じる前に p を信じる」という。もし推論者が q をいつまでも信じず、いつの日か p を信じるならば、推論者は q を信じる前に p を信じるという命題が真であると考えることができる。いいかえると、q を信じる前に p を信じるためには、彼は q を信じる必要はないということになる。ここで、Bp<Bq と書いて、推論者が q を信じる前に p を

信じるという命題を表わすことにする。もし Bp<Bq が真ならば、Bq<Bp は明らかに偽である。

今、ロッサー型の推論者を、次の条件を満たす1型の推論者として定義する。

条件 R　任意の命題 p と q について、もし推論者が p を信じ、まだ q を信じないようなある日が存在するならば、彼は遅かれ早かれ Bp<Bq かつ ~(Bq<Bp) を信じる。

条件 R の根底にある前提として、推論者がそれまでに何を信じ、何を信じていなかったかに関する完全な記憶をもっているということがある。もし彼が q を信じる前に p を信じるならば、p を信じる最初の日にまだ q を信じていない（そして、信じることはないかもしれないし、いつかは信じるかもしれない）。そしてその後は、p を信じた最初の日にまだ q を信じていなかったことをおぼえていて、Bp<Bq かつ ~(Bq<Bp) を信じる。

1

ロッサー型の推論者が騎士と奇人の島を訪れた。彼は島の規則を信じている。そして彼は、次のように自分に話しかけるある住人に出会った。「あなたは私が奇人であると信じる前に、私が騎士であると信じることはないでしょう。」（記号で表わすと、その住人は ~(Bk<B~k) という命題を主張しているのである。）

もしその推論者が単純整合ならば、彼はその住人が騎士であるか奇人であるか永遠に決められないことを証明せよ。

2

その住人は前と違って、次のように言ったとする。「あなたは私が騎士であると信じる前に、私が奇人であると信じるでしょう」今度も同じ結論が導かれるだろうか？

Discussion　数理システムにおいて証明可能な命題は、さまざまな段階で証明可能である。われわれは、さまざまな命題を逐次的に証明するようにプログ

ラムされたコンピュータとして数理システムを考えることができる。(ある数理システムにおいて) q が証明されていない段階 (q はあとの段階で証明されるかもしれないし、されないかもしれない) で p が証明されるとき、p は q より前に証明可能であるという。そのシステムで表現可能な任意の命題 p と q に関して、命題 $Bp<Bq$ (p は q より前に証明可能である) はゲーデルによって考案されたタイプのシステムにおいても表現可能であり、ロッサーはもし p が q より前に証明可能ならば、命題 $Bp<Bq$ かつ命題 $\sim(Bq<Bp)$ がともにそのシステムにおいて証明可能であることを示した。ロッサーはまた $p\equiv\sim(Bp<B\sim p)$ がそのシステムで証明可能であるような命題 p を発見した。(そのような命題 p は、次のように言う問題1の住人に対応する。「あなたは私が奇人であると信じる前に、私が騎士であると信じることはない。」) ここで、問題1の解答より、もし p が証明可能ならば、そのシステムは不整合であり、もし $\sim p$ が証明可能ならば、そのシステムはやはり不整合である。つまり、もしそのシステムが整合ならば、命題 p はそのシステムで決定不可能である。

ゲーデルの文は次のようにいいかえられる。「私は、どんな段階でも証明不可能である。」ロッサーのより精巧な文は次のようにいいかえられる。「私は、私の否定がより早い段階で証明されなければ、どんな段階でも証明不可能である。」 ゲーデルの文はより簡単ではあるが、議論がうまくいくためには ω 整合であるという仮定が必要である。ロッサーの文はより複雑であるが、単純整合であるというより弱い仮定のもとでうまくいくのである。

より単純な不完全問題

今までわれわれは、2つの不完全性の証明に関する議論をしてきた。ゲーデルのものとロッサーのものである。ここにより単純なものがある。それは、ゲーデルの手法と真理という概念の使用 (それは論理学者のアルフレッド・タルスキ (Alfred Tarski) によってのちに導入された概念である) を結合したものである。どういうわけだかわからないが、なぜかこの簡単な証明は (専門家のあいだではよく知られたものであるのにもかかわらず) 基礎的な教科書か

ら省かれてしまう。

次の問題では、推論者がさまざまな命題を信じる順序は、結果にはまったく関係がない。

3

ここに、ポールと呼ばれる推論者がいる。彼はつねに自分の信念について正確である（すなわち、彼は偽の命題を信じることはない）。彼は1型である必要も、正常である必要もなく、実際に騎士と奇人の島を訪れる必要もない。われわれが彼について知る必要のあることは、彼が正確であるということだけである。

ある日、ある住人が彼について、次のように言った。「ポールは私が騎士であると信じることはないでしょう。」 これから、ポールの信念システムは不完全になってしまうことが導かれる。これは、なぜだろうか？

4

その住人が前とは別に、次のように言ったとする。「ポールは、いつの日か私が奇人であると信じるでしょう。」 これから、やはりポールの信念システムが不完全になってしまうことが導かれるだろうか？

より深刻なジレンマ

5

次に、ある整合で安定なG型の推論者について考える。ここに、1つのひじょうに重要な問題があり、彼はそれを永遠に決められないのである。すなわち、彼自身の整合性についての疑問である。彼は自分が整合であるかどうか決められないのである。これはなぜだろうか？

疑問 もちろん、上の結果は、推論者をシステムに置きかえても成り立つ。あるG型の整合で安定なシステムは、そのシステム自身の整合性も、不整合性

も証明できない。

しかし、ある重要な疑問が発生する。整合で安定なG型のシステムが存在するかどうか、どのようにして知るのだろうかということである。整合で安定なG型のシステムという概念自体が、ある巧妙な矛盾を隠してしまうということはありえないのだろうか？

このことは、われわれがこの本を終える前に十分に解消されるであろう。

解答

1. その住人は $\sim(Bk<B\sim k)$ を主張したのであるから、その推論者は $k \equiv \sim(Bk<B\sim k)$ を信じる。その推論者が(単純)整合であるとすると、われわれは、彼が k を信じることもできず、$\sim k$ を信じることもできないことを示せばよい。

(a) 彼が k を信じるとすると、彼は整合だから $\sim k$ を信じることはない。つまり、彼は $\sim k$ を信じる前に k を信じる。したがって、条件Rより、彼は $Bk<B\sim k$ を信じる。しかし、彼はまた $k \equiv \sim(Bk<B\sim k)$ を信じるのであるから、彼は $\sim k$ を信じる。彼は k を信じるのであるから、彼は不整合になってしまう！　これより、もし彼が整合ならば、k を信じることはない。

(b) 彼が $\sim k$ を信じるとすると、やはり彼は整合だから、k を信じることはない。これより、彼は k を信じる前に $\sim k$ を信じる。条件Rより、彼は $\sim(Bk<B\sim k)$ を信じる。しかし、彼は $k \equiv \sim(Bk<B\sim k)$ を信じるのであるから、k を信じ、そして、不整合になってしまう。つまり、もし彼が整合ならば、$\sim k$ を信じることもできない。

2. 答はイエスである。証明は読者に委ねよう。

3. もしポールがその住人を騎士であると信じているとすると、このことはその住人の言ったことを偽にする。つまり、その住人を奇人とし、さらにポールはその住人が騎士であるということを信じることにより不正確になる。しかし、われわれはポールが正確であることを仮定しているから、彼はその住

人が騎士であると信じることはない。つまり、その住人が言ったことは真であるから、その住人は実際は騎士である。これより、ポールは正確であるから、彼はその住人が奇人であるという偽である信念をもつことはない。つまり、ポールはその住人が騎士であるか奇人であるかを知ることはできない。

Discussion　上のパズルの数学的な内容は次のようになる。ゲーデルの発見したシステムでは証明可能な命題という命題のクラスのほかに、より大きなクラスである真の命題というのがある。真の命題のクラスは、論理的結合子に関する真理表に忠実であり、システムの任意の命題 p に関して p がシステムの証明可能な命題であるならば、そのときにかぎり命題 Bp は真である。さて、ゲーデルはある注目すべき命題、すなわち命題 $g \equiv \sim Bg$ がシステムで真である(証明可能であってもよい。しかしこのようなより強い事実はここでの議論では必要ない)ような命題 g を発見した。もし g が偽ならば、Bg が真である、したがって g が証明可能、つまり真である、となって矛盾に陥ってしまう。したがって g は真である、つまり $\sim Bg$ は真である、g はそのシステムでは証明できない。つまり、g は真であるが、そのシステムでは証明できない。g は真であるから、$\sim g$ は偽であるので、やはりそのシステムでは $\sim g$ は証明できない(すべての証明可能な命題は真であるから)。つまり、g はそのシステムでは決定不可能なのである。

4. 答は、イエスである。この証明も読者に委ねよう。

5. 第18章でわれわれは、すべての G 型の推論者は謙虚で、整合で謙虚な 4 型の推論者は(さらには 1 型でさえ)誰も自分が整合であることを信じることができないことを示した。したがって、整合な G 型の推論者は自分が整合であることを知ることはできない。

　一方、自分が不整合であると信じている任意の安定な推論者は、実際に不整合である。つまり、彼が自分が不整合であると信じているならば、彼は $B\bot$ を信じ、また彼は安定であるから、$\bot$ を信じ、不整合になってしまうのである。

したがって、安定で整合なＧ型の推論者は自分が整合であることも、自分が不整合であることも信じることができない。彼は、この問題に関しては永遠に決定不可能であることが運命づけられているのである。

IX 可能世界

第22章　必ずしもそうじゃない！

　この本で見てきたことは、様相論理という分野に密接に関係している。この分野は純粋に哲学的な考察から生まれたが、驚いたことにその公理系は最近になってまったく異なった解釈ができることが判明した。それは、数学的に興味深く、その解釈は今日、証明論、コンピュータ・サイエンス、人工知能といった分野にも顔を出している。数学的解釈については、あとの章でよりくわしく説明する。

　様相論理の基本的な概念は、ある命題がたんに真であるのではなく**必然的に真である**という考え方である。よくこういうことがある。「確かにこのようになった。だが、そうなる必然性はなく、別の可能性もあったのだ。」反対に、こういうこともある。「必然的にこうなったのだ。別の可能性はありえなかった。」このようにわれわれは、たまたま真である場合と必然的に真である場合をしばしば区別する。たとえば、われわれの太陽系にちょうど9個の惑星があるというのはたまたま事実であるわけだが、そうでない場合も確実に考えられるわけで、9個より多いことも少ないこともありうる。一方、$2+2=4$という命題は、たんに真であるだけでなく必然的に真である。どんな場合でも、$2+2 \neq 4$が真ということはありえないのである。

　ここでは、必然的に真という考え方に深入りするよりも、まず、クリプキ意味論の例となる論理パズルを考えてみたい。クリプキ意味論のくわしいこ

とは次の章にまわすとして、ここでは準備として表記法の確認をしよう。

様相論理学者ルイス（C. I. Lewis）に倣って、必然的に真であることを表わすのには記号"N"を使う。（今日普通に使われているのは□である。）すなわち、任意の命題 p に関して、Np を「p は必然的に真である」と読む。表記法は、BのかわりにNを使うこと以外は以前の章と似ている。命題の集合が1型、2型、3型、4型あるいはG型であることの定義は、以前と同じである。唯一の違いは"B"のかわりに"N"を使うということだけである。

1. 推論者の宇宙

では、推論者たちが住む宇宙を考えてみる。この宇宙を U_1 と呼ぼう。任意の命題 p が与えられると、今後すべての推論者は、p を信じるか疑うかのどちらかであり、どちらもということはない。（今後、命題を「疑う」というのは、その命題が偽であることを信じるという意味である。）すべての推論者は⊥を信じず、また彼の考えは論理的結合子に関する真理表の規則に従っている。たとえば、もし彼が p を信じないか、q を信じるか、それとも p, q の両方を信じるならば、そしてそのときにかぎり $p \supset q$ を信じる。このことからすべての推論者が、恒真式をすべて信じることが導かれる。また、もし推論者が p を信じかつ $p \supset q$ を信じるならば、彼は q を信じていなければならない。（もし彼が q を疑うとすれば、彼は p を信じ q を疑うことになる。それゆえ、$p \supset q$ を信じるのではなく疑うことになってしまう）。つまり、推論者は1型である。また、すべての推論者は、ほかの推論者が何を信じているかを知っているということも付け加えておこう。

さあ、おもしろくなってきた。何らかの事情から、それぞれの推論者は彼（彼女）の両親の判断に絶対の信頼をおいている。任意の命題 p について推論者は、彼（彼女）の両親が2人とも定理 p を信じるとき、定理 p を必然的に真であると考える。これは、この宇宙の基本ルールとして知られていて、たいへん重要なのでここに明記しておく。

宇宙 U_1 の基本ルール　　彼（彼女）の両親が2人とも p を信じるならば、そしてそのときにかぎり、推論者は Np を信じる。

Remarks 噂によれば、われわれの宇宙からアメリカ人作曲家が宇宙 U_1 を訪れ、その宇宙の住人がなぜある命題を必然的に真であると信じるのか、その理由を聞いたとき、彼は疑わしそうに首を振って言った。「必ずしもそうじゃない！」 しかし、この話が本当かどうか定かではない。たんに噂として聞いただけだから。

もしすべての住人が命題 p を信じるならば、命題 p は(宇宙 U_1 において)**確立されている**と呼ばれる。

明らかにすべての恒真式は確立されているが、確立された命題の集合は恒真式を越える。実際、確立された命題の集合は、3型でなければならない。すなわち、

(1a) すべての恒真式は確立されている。
(2b) もし、p と $p \supset q$ が確立されたならば、q も確立される。
(2) $(Np \& N(p \supset q)) \supset Nq$ は、確立されている。
(3) もし p が確立されるならば、Np も確立される。

確立された命題の集合が、3型であることを証明せよ。

2. 2番めの宇宙

次に、U_2 と呼ばれる別の宇宙を訪れよう。この宇宙の定義は1つの重要な違いを除いて U_1 のものと似ている。この宇宙で、推論者は彼のすべての祖先が p を信じるならば、そしてそのときにかぎり p は必然的に真であると信じる。(簡単のために、われわれは住人がすべて不死身であると仮定している。だから、いかなる人物の祖先もみな生きている。)

この基本事実を書いておこう。

事実2 宇宙 U_2 では、推論者 x は、x のすべての祖先が p を信じるならば、そしてそのときにかぎり Np を信じる。

さあ、どんどんおもしろいことになっていく。

宇宙 U_2 で、確立された命題の集合は、4型でなければならないことを証明せよ。

3. 3番めの宇宙

これまで、宇宙には始まりがあるのかないのかという問題には触れないでおいた。しかしここでは U_2 に与えた条件を満足し、さらに始まりがある3番めの宇宙 U_3 を考える。この宇宙では、誰か x という人を考えて、x の祖先 x′ をとり、x′ の祖先 x″ をとり、という操作を続けていくと、いつかは祖先がいない人にいきつく。その人は両親がいない。(この両親がいない人がどのように生まれてきたかという問題に答えるのは、この本の及ぶところではない。興味のある読者は、科学的あるいは神学的な関心に応じて進化論か創造説の本を参照のこと。)

読者はもう気づいているかもしれないが、この宇宙の確立された命題の集合がG型であることを示そう。しかし、その前に論理的な用語「すべて」、「ある」に不慣れな読者にその要点を明らかにしよう。

誰かが「このクラブのフランス人はすべてベレー帽をかぶっている」と言うとしよう。そして、そのクラブにはフランス人はいないことがわかった。すると、この発言を論理的に真と見なすべきか、または偽、あるいは適用されないと見なすべきか？ これについて、形式論理に慣れない人なら、きっといろいろな意見をもつであろう、しかし論理学、数学、自然科学で決められている約束事は、「すべてのAがB」に対しては、少なくともBでないAが1つでもあるときのみ、それを偽とみなすのである。だからベレー帽をかぶっていないフランス人が1人でもクラブにいれば、「このクラブのフランス人はすべてベレー帽をかぶっている」は偽なのである。もし、たまたまクラブにフランス人が1人もいないのならば、ベレー帽をかぶっていないフランス人は確実に1人もいない、それゆえこれは真である。われわれはこのように考えることにしよう。

これをわれわれの宇宙 U_3 にあてはめて考えると、もし x が祖先のいない人ならば、彼のすべての祖先に関することなら何でも真となる(なぜなら、彼には祖先がいないのだから)。とくに、任意の命題 p が与えられたとき、x の

すべての祖先が p を信じる、ということは真である。だから、x に祖先がいないならば、x は Np を信じる。(彼に少なくとも1人の p を疑う祖先がいるときのみ、x は Np を信じられない。これはまったく祖先がいない人にとっては不可能である。) では、このことを事実1として書いておく。

事実1 もし x に祖先がいないなら、すべての命題 p に関して、x は Np を信じる。

われわれの目的は、宇宙 U_3 の確立された命題の集合が G 型であると示すことである。それは、確かに4型である (問題2によって、U_2 のすべての条件を、U_3 もまた満足しているから)。任意の命題 p について、U_3 のすべての住人が命題 N(Np⊃p)⊃Np を信じることはまだ示されていない。この証明は、けっこうしゃれている。鍵になるアイデアは、次の補題に含まれている。

補題1 もし x が Np を疑うのならば、x には、p を疑い、かつ Np を信じる祖先 y がいなくてはならない。

まず、はじめに上の補題を証明せよ。それから、U_3 の確立された命題の集合が G 型であることを示せ。

これらがどのようにクリプキ意味論に結びつくかは、次の章で説明される。

解答

1. (1) われわれは、すべての住人は1型であるから (1a)(1b) が真であることを知っている。

(2) 次に、すべての住人 x が、(Np&N(p⊃q))⊃Nq を信じることを証明しなくてはならない。もしくは同じことであるが、彼が Np&N(p⊃q) を信じるならば、Nq を信じなくてはならないことを示せばよい。そこで、x が Np&N(p⊃q) を信じると仮定する。すると、彼は Np と N(p⊃q) の両方を信じる。彼が Np を信じることから、彼の両親は2人とも p を信じる。彼が N(p⊃q) を信じることから、彼の両親は p⊃q を信じる。それゆえ、彼の両親は p と p⊃q を信じる。さらに1型であることから、彼の両親は q を信じる。彼の両

親が2人とも q を信じるのだから、xも Nq を信じる。

U_1 の任意の住人 x が $Np\&N(p\supset q))\supset Nq$ を信じることが証明された。したがって、この命題は確立された。

(3) 最後に、p が確立されているならば、Np も確立されることを示さなければならない。(これは、p を信じるすべての住人が Np を信じることを意味するのではなく、すべての住人が p を信じるならば、彼らはみんな Np を信じることを意味する。)これは、まったく明らかである。すべての住人が p を信じると仮定して、任意の住人 x をとってくると、彼の両親は p を信じるので(すべての住人が p を信じているから)x は Np を信じるのである。

2. 両親から祖先に変わったことで重要なのは、もし y が x の親で、z が y の親とすると、z が x の親であると結論できないが、しかし、もし y が x の祖先で、z も y の祖先ならば、z は x の祖先であると結論できることだ。(数学用語でいうと、祖先であるという関係は**推移的**である。)

宇宙 U_2 の確立された命題の集合が3型であるという証明は、世界 U_1 のと同じである。(両親という語を祖先に変えるだけである。)さらに、この世界のどの推論者も $Np\supset NNp$ を信じるという事実も証明できる。ゆえに確立された命題の集合は、4型である。

x が Np を信じると仮定して、彼が NNp を信じなくてはならないことを示す。さて、x の任意の祖先を x′ とし、x′ の任意の祖先を x″ とする。したがって、x″ はまた x の祖先である。x が Np を信じ、かつ x″ は x の祖先だから、x″ は p を信じなくてはならない。すなわち、x′ のどの祖先 x″ も p を信じ、それゆえ x′ は Np を信じる。これは、x のどの祖先 x′ も Np を信じることを示しているので、x は NNp を信じなければならない。

3. まずはじめに補題を証明するために、x が Np を疑っていると仮定する。すると彼には p を疑う祖先 x′ が少なくとも1人いなくてはならない。(もし、彼のすべての祖先が p を信じていたら、彼は Np を信じているだろう。しかし、彼は Np を疑っているのである。)もし x′ が Np を信じているならば、x′ を y としておしまいだ。しかし、x′ が Np を疑っているなら、x′ には p を疑っ

第22章 必ずしもそうじゃない！ 207

ている祖先 x″ がいなくてはならない。もし x″ が Np を信じているならば、x″ を y としておしまいだ。しかし x″ が Np を疑っているときは p を疑う x″ の祖先 x‴ をもってくる。このようにして同じことを続ける。すると、最後には p を疑う x の次のような祖先 y に到達しなければならない。y は自分の祖先をもたない(事実1によって祖先がいないときには y は Np を信じる)か、自分の祖先がすべて p を信じているかである。それゆえ、y は Np を信じていなければならない。(最終的にそのような祖先 y に到達する理由は、宇宙 U_2 にはない事実、つまり宇宙 U_3 には始まりの時があるからである！)

さあ、これでこの宇宙のすべての住人が N(Np⊃p)⊃Np を信じなくてはならない(そして、それゆえ確立された命題の集合はG型である)ことを証明できる。このことを示すのに、N(Np⊃p) を信じるどのすべての住人も、Np を信じることを示せば十分である。もしくは同じことだが、Np を疑う任意の住人が、N(Np⊃p) を疑うことを示せばよい。

そこで、x が Np を疑うと仮定する。補題によって、x には、p を疑うが Np は信じる祖先 y がいることがわかる。それから、その祖先は Np を真、p を偽と考えているので、Np⊃p を疑う。それゆえ x には Np⊃p を疑う祖先 y がいることになる。したがって x の祖先のすべてが Np⊃p を信じるというわけではない。だから x は N(Np⊃p) を疑う。

したがって、もし、x が Np を疑うのならば、彼は N(Np⊃p) も疑う、これより、x が N(Np⊃p) を信じるのならば、x は Np を信じることがわかる。ゆえに、x は N(Np⊃p)⊃Np を信じなくてはならないことが証明された。

第23章　可能世界

　様相論理は少なくともアリストテレスまでさかのぼる古い分野であり、その基本概念は、**必然的**に真である命題と**可能的**に真である命題からなっている。どちらの概念も、もう一方の概念から定義することができる、。必然的真という概念から始めると、可能的に真である命題を、必然的に偽ではない命題として定義できる。逆に可能的真から始めると、必然的に真である命題を、偽であることが可能でない命題として定義できる。

　様相論理は中世の哲学者や論理学者のあいだにたいへんな興味を引きおこし、後になってライプニッツ哲学の基礎となったものである。このライプニッツの思想によって、現代哲学者ソール・クリプキが、今日**可能世界意味論**（または**クリプキ意味論**と呼ばれる）として知られる分野をつくるきっかけとなった。（用語は異なるが、まさにわれわれが前章で行ったことである。）

　ライプニッツは、われわれが実世界と呼ばれる場所に住んでいると考えていた。その世界は複数ある**可能世界**の1つである。ライプニッツの理論によれば、神はまずはじめに「すべての」可能世界を見わたし、それからその中で最高と考えたこの世界を実現した。彼の見解によれば「この世界は、すべての可能世界のうちの最高のものである。」（『カンディード』において、ヴォルテールはこの考えをからかいつづけた。あらゆる可能な大惨事について述べたあとに、彼はいつもこう付け加えるのだ。「この、すべての可能世界のう

ちで最高の世界で……。」)

　ライプニッツによると、命題 p は、与えられた世界 x(実世界でも可能世界でも)を正しく記述しているならば、その世界にとって、命題 p は真と考えられる。もしそうでなければ、その世界にとって p は偽である。もし p が何も制限なしで真といわれたら、この実世界にとって真を意味する。もし p がすべての可能世界にとって真ならば p を必然的に真であるとし、もし少なくとも1つの可能世界にとってそれが真ならば、それは可能的に真であるとした。簡単にいえば、これがライプニッツの可能世界の考えである。(もしほかの可能世界が実現されていたならば、ライプニッツは同じ哲学をもったであろうか?)

　1910年以前、様相論理は論理学の他の分野におけるような正確さを欠いていた。三段論法についてひじょうに明確な理論をたてていたアリストテレスでさえ、様相論理を同じくらい明確には説明しなかった。そんな中で、アメリカの哲学者ルイスは、1910年から1920年の間に出版された一連の論文の中で、異なった強さの公理系の列について述べた。そして、どんな命題が証明可能であるか、それぞれの公理系について調べた。これらの公理系では、すべての恒真式を公理(もしくは少なくとも公理から証明可能である)としている。そして、ルイスは任意の命題 p と q に関して、システムで p と $p \supset q$ の両方が証明可能であるならば、q も証明可能であることを規則とした。すなわち、ルイスの公理系は、少なくとも1型なのである。次にルイスは、もし p と $p \supset q$ が両方とも必然的に真ならば、q もそうであると推論した。それゆえ、$(Np \& N(p \supset q)) \supset Nq$ (もしくは、$N(p \supset q) \supset (Np \supset Nq)$) の形をしたすべての命題を公理とした。その次に、彼は純粋に必然的に真である公理系だけから証明されるものは、必然的に真であるとするのは正しいと推論した。現代のほとんどの様相システム(いわゆる正規様相システム)では、もし命題 X が証明されたならば、NX を結論するのは正しいとみなすということを推論規則としている。(これは、$X \supset NX$ が必然的に真であるという意味ではない。しかし、もし X が純粋に必然的に真である公理系で証明されたとすれば、NX を主張するのは正しいであろう。)

　これまで話してきたシステムは3型である。今日では標準的な名前もつい

ていて、それは様相システムKと呼ばれる。Kは広いクラスの様相システムの基礎となっている。

さて、$NX \supset NNX$ に関してはどうか？ X が必然的に真ならば、それが必然的に真であることは必然的なことだろうか？ この命題を公理としている様相システムもあれば、していないものもある。$NX \supset NNX$ の形をしたすべての命題と、Kの公理を備えた様相システムはたいへん重要なものであり、様相システム K_4 と呼ばれている。それは明らかに4型である。

さらに、$N(Np \supset p) \supset Np$ の形のすべての命題を K_4 に公理として加えた様相システムGが10年後(70年代の中期)に現れた。Gは、論理的に必然であるという概念に関する哲学的考察からではなく、ゲーデルの第2定理やレーブの定理から生まれた。もっとくわしいことは次章で述べる。

クリプキ・モデル　1950年代の末ごろ、ソール・クリプキは彼の著名な論文"A Completeness Theorem in Modal Logic"を発表した。それは様相論理の新しい時代を告げるものであった。はじめて正確な様相理論が様相システムに与えられた。そのことは数学的に興味深いだけでなく、今日、可能世界意味論として知られる哲学の一大分野を築いた。

クリプキはまず、ライプニッツが明らかに考えていなかった、ライプニッツのシステムに関する基礎的な質問を掲げた。ライプニッツによれば、われわれは実世界に住んでいることになっているが、可能世界と呼ばれるものは、すべて実在するものなのだろうか、もしくはそれらはたんにこの世界に「相対的に可能」な世界なのだろうか？　別の言い方をすれば、可能世界のクラスとこの世界に相対的に可能な世界のクラスとは違うものなのだろうか？　あるいは、もっと別の言い方でいえば、ある世界xの記述を与え、「xは可能世界である」という命題を考える。その命題が真か偽かは絶対的なものか？　それとも、ある世界yでは真だが、別の世界zでは偽であるようなものか？　またとくに重要な推移性の問題がある。もし、世界yが世界xに対して相対的に可能で、世界zは世界yに対して相対的に可能ならば、世界zは世界xに相対的に可能でなくてはならないか？　この質問の答によって、どの様相論理システムが適当であるかが決定される。

クリプキに従って、世界 y が x に対して相対的に可能であるなら、世界 y は世界 x に**到達可能**であるということにしよう。さて、可能世界の超宇宙を考えてみよう。任意の世界 x, y が与えられると、y は x に到達可能であるかそうでないかである。一度、どの世界がどの世界に到達可能であるか決まると、そのことを専門用語で**フレーム**と呼ぶことにする。任意の世界 x と任意の命題 p が与えられたとき、p は x において真か偽のどちらかである。そして、フレームのどの世界でどの命題が真であるか決まれば、**クリプキ・モデル**と呼ばれるものが得られる。任意の世界で $\bot$ は偽であり、ある世界 x で p が真でかつ q が偽であることがないならば、そしてそのときにかぎり世界 x において $p \supset q$ が真である。すなわち各々の世界 x において、x で真であるすべての命題の集合は 1 型である。記述を完全にするために、もし p が世界 x に到達可能なすべての世界で真ならば、そのときにかぎり世界 x において命題 Np が真であるとする。あるモデルのすべての世界において p が真のとき、p がそのモデルにおいて確立された、もしくはそのモデルにおいて p は成り立つとする。

今している準備は、用語を除いて前章とまったく同じものである。宇宙の要素は推論者ではなく世界となっている。「y は x の親である」とか「y は x の祖先である」という関係は「y は x に到達可能」であるとする。最後に「p が推論者 x によって信じられる」のかわりに「p は世界 x で真である」という。この変換による前章の結果はすべてもちこまれる。クリプキ・モデルで成り立つすべての命題の集合は 3 型でなければならない(第 22 章、問題 1)。それゆえ、様相システム K はすべてのクリプキ・モデルに適用可能である。

これから任意の世界 x に推移規則を加える。すなわち任意の世界 x、y、z に対して、もし y が x に到達可能でかつ z が y に到達可能であるなら、z は x に到達可能である。これは**推移的クリプキ・モデル**と呼ばれるものである。さて、任意の推移的クリプキ・モデルに対して、モデルの世界すべてにおいて真であるすべての命題の集合は 4 型でなければならない(第 22 章、問題 2)。したがって様相システム K_4 はこの推移的クリプキ・モデルに適用できる。

すなわち、様相システム K はすべてのクリプキ・モデルに適用可能であるし、様相システム K_4 はすべての推移的クリプキ・モデルに適用可能である。

この二つの結果はKとK₄に関する**意味論的健全性**の定理として知られている。クリプキはまたそれらの逆も証明した。(1) p がすべてのクリプキ・モデルで成り立つならば、p は様相システムKで証明可能である。(2) p がすべての推移的クリプキ・モデルで成り立つならば、p はK₄で証明可能である。(のちに、様相システムでの**証明可能**ということが正確に何を意味するのかを説明する。) これら二つの結果は、KとK₄の**完全性定理**として知られている。

もし、次の条件が成り立つとき、クリプキ・モデルは**終端的**であるといおう。モデルの任意の世界xが与えられたとき、もし、世界xにx′が到達可能ならばx′へ、x″がx′に到達可能ならx″へ、これを続けていくとついにはどの世界にも到達可能でない世界yに到達する。(これを、**終端世界**という。それは、前章での「親のいない」推論者に相当する。)

もし、モデルが推移的で終端的ならばG型であることをいっておこう。前章と同じ理由によって、G型のモデルで成り立つ命題のクラスがG型でなければならないことがわかる。それゆえ、このモデルに適用可能な様相システムは、様相システムGである。するとわれわれは、様相システムGの健全性定理と呼ばれるものを得る。Gにおいて証明可能などの命題も、すべての推移的で終端的なモデルで成り立つ。この逆——Gの完全性定理——は、論理学者のクリスタ・スィーガバーグ(Krister Segerberg)によって証明された。それはG型であるすべてのモデルで成り立つすべての命題は、様相システムGで証明可能である[注)]、ということをいっている。

必然性の哲学的な考察には、様相システムGはもっとも不適当であるようだ。その本当の重要性は、次の章で議論する**証明可能性**の解釈にある。

ルイスのシステムS₄ ルイスは、いろいろな様相論理のシステムを考えていた。その中の一つを簡単に述べよう。ルイスは、任意の必然的に真である命題はまた真でなければならないと推論した。(ライプニッツの言葉によれば、もし

注) 様相システムK, K₄, Gのための完全性定理の証明は、ジョージ・ブーロスの *THE UNPROVABILITY OF CONSISTENCY* に載っている。Gについての簡単な証明は、ブーロスがリチャード・ジェフリー(Richard C. Jeffrey)と著した *COMPUTABILITY AND LOGIC* (Cambridge University Press, 1980, second edition)に書かれている。

すべての可能世界で、ある命題が真であるならば、それは確実にこの世界で真でなければならない！）だから、ルイスは $NX \supset X$ の形をしたすべての命題を K_4 に公理として加えた。これは、**様相システム** S_4 として知られている。

S_4 の適当なモデル理論は、どの世界もそれ自身に到達可能であるという条件を加えた推移的クリプキ・モデル（終端的ではない）である。そのモデルで、$NX \supset X$ が成り立つということは、容易にわかる。

S_4 と G といった様相システムは、真に違うものなので、その2つのシステムを1つのシステムに統合すると、必ず矛盾したシステムをつくってしまう。（なぜだかわかるかな？）したがって、われわれは目的に応じて選択しなければならない。必然的に真であるという概念の哲学的考察には、S_4 システムは適している。証明論にとっては、G システムが重要なものである。これ以上のことは次の章で述べる。

練習問題1 なぜ G と S_4 は、矛盾なしで統合することは不可能なのか？

練習問題2 G 型のモデルには、自分自身に到達可能な世界はない。それはなぜか？

練習問題3 G 型のモデルにおいて、$Np \supset p$ が偽になるような世界 x と命題 p が少なくとも1つ存在することを証明せよ。

練習問題4 次のことは真か偽か？ G 型のクリプキ・モデルでは、おかしな命題 $N\bot$（$\bot$ が必然的に真である）が真であるような世界が少なくとも1つは存在する。

第24章　必然性から証明可能性へ

クリプキの様相意味論以後における様相論理の次なる重要な発展は1970年代のはじめ、必然性という言葉に証明可能性の解釈という考えが加わったときに起こった。驚くべきことに、1933年にゲーデルが発表したひじょうに短い論文でそれについてすでに指摘しているのに、それまで一般に広まっていなかったのだ。ゲーデルはルイスの"N"のかわりに"B"という記号を用いた。そしてBpというのは、pが(算術のシステムで、もしくはゲーデルによって発見されたシステムに深く関係がある任意のシステムで)「証明可能」であると解釈するとした。さて、これらのシステムはすべて4型なのだから、ゲーデルの解釈によればK_4の公理はすべて正しい。しかし、研究された数理システムは、G型でもありうることが判明した。(これは、レーブが発見した。)だから、そのことに注意を払った様相公理系がつくられるのは当然であろう。すなわち、様相システムGが生まれた。そのシステムはクラウディオ・ベルナルディ(Claudio Bernardi)、ジョージ・ブーロス、D. H. J. デジョン、ロベルト・マジャーリ(Roberto Magari)、フランコ・モンターニャ(Franco Montagna)、ジョバンニ・サンビンといった論理学者によって研究された。このシステムに関する研究は今もまだ続いている。

ここで、様相公理系をより厳密に述べておいたほうがよいだろう。様相論理の記号体系は、命題論理のものに新しい記号(それを"B"とする)を加えた

ものである。(ルイスは記号"N"を使い、現在の標準的な記号は"□"であることを思いだそう。個人的には、私はゲーデルの記号"B"が好きである。)

次の規則に従ってつくられる表現を**様相論理式**(またはたんに論理式)ということにする。

(1) $\perp$は論理式である。また命題変数 p, q, r も論理式である。
(2) X と Y が論理式ならば、$X \supset Y$ も論理式である。
(3) X が論理式ならば、BX も論理式である。

第6章(50ページ)で論理式と呼んだものは今では、**命題論理式**と呼ばれる。命題論理式は、様相論理式の特別な場合である。その中で記号 B は現われない。しかし、今から様相論理式を扱うことになるので、単純にそれを論理式と呼ぶ。

論理的結合子 $\sim$, &, $\vee$, $\supset$, $\equiv$ は、第8章で説明された方法で、$\supset$ と $\perp$ から定義される。

それぞれの様相システムには、それぞれの公理が存在する。これから考える様相システムでは、次の2つの規則に従って、公理から始めてどんどん新しい論理式を証明していく。

規則1(三段論法) X と $X \supset Y$ を証明すれば、Y を推論できる。

規則2(必然規則) X を証明すれば、BX を推論できる。

システムでの**形式的証明**とは有限の論理式の列(普通、上から下に読み進む)を意味する。その中の各行は、システムの公理であるか、上の2つの行から規則1を使って導かれたものであるか、上の1つの行から規則2を使って導かれたものである。論理式 X は、もしその最後の行が X である形式的証明が存在するならば、システムで証明可能であるとされる。

とくに興味深い3つのシステムは K と K_4 と G なので、それらの公理をもう一度次に復習する。

K の公理

(1) すべての恒真式

(2) $B(X \supset Y) \supset (BX \supset BY)$ という形をしたすべての論理式

K_4 の公理　K の公理すべてと

(3) $BX \supset BBX$ という形のすべての論理式

G の公理　K_4 の公理すべてと

(4) $B(BX \supset X) \supset BX$ という形のすべての論理式

Remarks　G の**特殊公理**、(4)の公理について述べる。まず、第18章のクリプキ・デジョン・サンビンの定理を思いだそう。それは、もし3型のシステムが $B(BX \supset X) \supset BX$ の形をしたすべての命題を証明できるならば、そのシステムは $BX \supset BBX$ という形のすべての命題をも証明できるというものだった。すなわち、G の公理として、かわりに(1)、(2)、(4)といったグループをとることもできただろう。その場合、(3)の論理式が演繹される。いいかえると、(4)の公理を K_4 ではなく K の公理に加えるだけで、様相システム G を得られる。様相システム G はこのような方法で表現されることがよくある。

Discussion　これら様相システムの知識は、もっと一般的な数理システムに関する情報を与えてくれる。様相システム K は、任意の3型の数理システム S に(BX を「X は S で証明可能」と解釈すれば)うまく対応する。同様に、K_4 は任意の4型のシステム S に対応し、G は、任意の G 型のシステム S に対応する。すなわち、これらの様相公理系は、より一般的な(非様相的)数理システムにおける証明可能性について役立つ情報をもたらす。また今日、コンピュータ・サイエンティストは、次の理由から様相公理系に興味をもっている。いろいろな文を印字できるようにプログラムされたコンピュータを想像してみよう。印字される文の中にはコンピュータが印字できるものとできないものについて述べている文が含まれる。BX は、「このコンピュータは X を印字できる」と解釈できる。このようなコンピュータは、いわば「自己言及的」

であり、それゆえ人工知能において、このような働きは興味をもたれている。そのようなシステムについては以後の章で考える。この本でわれわれは、「信念」を様相として扱ってきた。(適当な型の推論者が)「信じる」という概念を表わすのに、"B" を用いることでこの問題に取り組んできた。命題を信じる推論者、命題(というかむしろ、命題を表わす文)を印字できるコンピュータ、命題を証明できる数理システムといったものを統一して扱うことが、様相論理によって可能になったのである。

様相文システム 様相文とは、命題変数が現われないような様相論理式(つまり、$B\bot\supset\bot$、$B(\bot\supset B\bot)$ というような表現)を意味するものとする。すなわち、様相文はすべて5つの記号 B, $\bot$, $\supset$, (,) から成り立っている。さらに様相システムの公理がすべて文であるものを、様相文システムと呼ぶ(これより、文のみが証明可能であることがわかる。) 任意の様相システム M に関して、その公理のうち、すべての文からなるシステムを $\overline{M}$ とする。$\overline{M}$ の推論規則は、M のものと同じとする。(普通それらは三段論法と必然規則である。) とくに、$\overline{K}$, $\overline{K_4}$, $\overline{G}$ といった様相文システムは興味深い。M がそれら3つのシステムのどれかとすると、M で証明可能な任意の文は、また $\overline{M}$ でも証明可能であることを示すのはそれほど難しくない。読者は、今これを練習としてやってみるとよい。解答はあとで(第27章でこの事実を扱う必要があるとき)示す。

次の章で、ひじょうにおもしろい問題である**自己言及**の話題を扱ったあとに、様相システムの話に戻ることにする。

Ⅹ　事件の核心

X 農村の知的

第25章　ゲーデル化された宇宙

さあ、問題の核心ともいうべきもの、すなわち**自己言及**について考えてみよう。まだ読者は、どのようにしてゲーデルが巧みに自己言及の文をつくったのか知らされていない。自己言及の文とは、システムにおいてそれ自身の証明不可能性に言及しているものである。ゲーデルは、**対角化**として知られる独創的な道具を発明して、それを可能にした。この章と次の章では、いろいろな形でゲーデルの対角化論法を考えていきたい。

ゲーデル化された宇宙

無限に多くの推論者たちが住む宇宙を考えてみよう。また、そこには宇宙に関する無限に多くの命題が存在する。もっと明確にすれば、

(1)　⊥はこの宇宙に関する命題の1つである(その命題は、もちろん偽である)。

(2)　任意のこの宇宙に関する命題pと推論者Rに関して、Rがpを信じるという命題もこの宇宙に関する命題である。

(3)　任意のこの宇宙に関する命題pとqについて、$p \supset q$もまたこの宇宙に関する命題である。そして、pが偽かqが真のどちらかならば、そのときに

かぎり $p \supset q$ は真である。

　これから、「命題」という言葉をこの宇宙に関する命題を意味するものとして使う。論理的結合子 $\sim$, &, $\vee$, $\equiv$ は、第8章の方法に従って $\supset$ と $\perp$ から定義される。

　任意の推論者 R と任意の命題 p について、Rp を、R は p を信じるという命題とする。任意の推論者 R, S と任意の命題 p について、RSp は、S が p を信じることを R が信じるという命題である。もし、もう1人 K という推論者を考えると、KRSp というのは、S が p を信じることを R が信じることを K が信じるという命題である。もっと推論者をふやしても同様である。

　推論者たちは、これらの命題について考えるのを楽しんでいた。しかし、別の宇宙のある論理学者が彼らの宇宙を訪れて整理するまで、物事はかなり混沌としていた。彼が最初に気づいたのは、推論者たちが名前をもっていないということであった。そして、彼はそれぞれの推論者に、**ゲーデル数**(すべて正の数)という数を割りふった。同じゲーデル数をもつ推論者はなく、どの数も、ある推論者のゲーデル数である。これで、推論者たちに名前がつけられた。R_1 はゲーデル数が1の推論者、R_2 は2の推論者、そしてそれぞれの n について R_n はゲーデル数が n の推論者である。次にその論理学者は、その宇宙に関するすべての命題をある無限列 $p_1, p_2, \cdots, p_n, \cdots$ に並べた。n は p_n という命題のゲーデル数である。以上のことをしたあとで、論理学者はその宇宙を離れて自分の宇宙に戻っていった。

　その論理学者が立ち去ったあとすぐに、賢い住人たちは次の興味深い事実を発見した。

事実1　それぞれの推論者 R について推論者 R* が存在する。R* は任意の命題 p_i について、もし R_i が p_i を信じることを R が信じるならば、そしてそのときにかぎり R* が p_i を信じる、という推論者である。(すなわち、任意の推論者 R に関して、すべての数 i について、命題 R*$p_i \equiv RR_i p_i$ が真となるような推論者 R* が存在する)。

　この事実から、次からの問題に現われるようなおもしろい結論が導かれる。

1. 対角化原理

任意の推論者 R に関して、$p \equiv Rp$ が真となる（別の言葉でいえば、R が p を信じるならば、そしてそのときにかぎり、p は真である）ような命題 p が少なくとも 1 つ存在することを証明せよ。

2. 愚かな推論者

この宇宙の推論者は、もし、彼がすべての偽の命題を信じ、かつ真の命題を 1 つも信じないならば、**完璧に愚かである**と言われる。

この宇宙には、完璧に愚かな推論者は 1 人もいないことを証明せよ。

この宇宙に関する次の重要な事実も、論理学者が去ったあとすぐに発見された。

事実2 任意の推論者 R と任意の命題 p, q に関して、R が $p \supset q$ を信じるならば、そしてそのときにかぎり、p を信じるような推論者 S が存在する（すなわち、$Sp \equiv R(p \supset q)$ が真である）。

3. タルスキの原理

この宇宙の推論者は、彼がすべての真の命題を信じ、かつ、いかなる偽の命題をも信じないならば、**完璧である**といわれる（彼は、ちょうど完璧に愚かな推論者とまったく正反対の人である）。

何年もの間、この宇宙の推論者たちは、（彼らの宇宙の中で）完璧な推論者を探していた。しかし発見できなかった。なぜ彼らは発見することができなかったのか？

この宇宙で発見された次に重要なことは、ある命題が**確立された**と呼ばれることと、その確立された命題のみを信じる推論者 E が存在することである。

4

すべての確立された命題が真であると仮定すると、確立された命題の集合は不完全であることを証明せよ。すなわち、少なくとも1つはpも$\sim p$も確立されないような命題pが存在しなくてはならない。(これはまた、推論者Eがpも$\sim p$も信じることができないことを意味する。彼は、pが真か$\sim p$が真かについて、永遠に決定できないままであるにちがいない。)

そして、次の2つの事実が発見された。

事実I 任意の推論者Rに関して、すべての数iについて、$R^*p_i \equiv RR_ip_i$が確立されるような推論者R^*が存在する。(これは事実1において「真」というかわりに「確立された」とする点が異なっている。)

事実II 任意の推論者Rと任意の命題qに関して、すべての数iについて、$Sp_i \equiv R(p_i \supset q)$が確立されるような推論者Sが存在する。(これは、事実2において「真」というかわりに「確立された」とする点が異なっている。)

5

任意の推論者Rに関して、命題$p \equiv Rp$が確立されるようなpが存在することを証明せよ。

6

確立された命題の集合が、1型であると仮定すると、

(a) すべての推論者Rと命題qに関して、命題$p \equiv R(p \supset q)$が確立されるような命題pが存在することを示せ。

(b) すべての推論者Rと命題qに関して、命題$p \equiv (Rp \supset q)$が確立されるような命題pが存在することを示せ。

最後に、次の事実が判明した。

事実III 推論者Eは4型である。(それゆえ、確立された命題の集合は4型で

ある)。

7

確立された命題の集合がG型であることを証明せよ。

この宇宙の確立された命題の集合はG型であることがわかった。それゆえ、もしこの集合が整合であるならば、それが整合だという事実は真であるが、その宇宙では、それは確立された命題ではない。これと同値であることから、推論者Eが整合であるならば、彼は彼自身が整合であるということを知ることはできない。

数理システムとの関係

読者は、以上のようなことが数理システムの理論とどのように関係しているか不思議に思っているかもしれない。そこで、システムにおけるすべての命題を無限列 $p_1, p_2, \cdots, p_n, \cdots$ に並べた数理システムSを仮定する。そして、推論者のかわりに、命題の性質を考えていこう。この性質もまた無限列 $R_1, R_2, \cdots, R_n, \cdots$ に並べられている。任意の性質 R_i と命題 p_j について、R_ip_j を性質 R_i が命題 p_j において成り立つという命題であるとしよう。そのシステムで、証明可能であるような性質(それをEと呼ぶ)を上にあげた列の1つとする。また、「推論者」という言葉を「性質」に、「確立された」という言葉を「証明可能」(Sで証明可能)に置きかえた事実Ⅰ,Ⅱ,Ⅲが、成り立つと仮定する。すると、たんに言葉を置きかえたことによって、章の前半で行った議論から、システムSがG型でなければならないことがわかる。

実際は、ゲーデルが発見したシステムは、命題の性質からではなくて、数の性質から始まった。しかし、命題にゲーデル数を振ることによって、数の任意の性質はある命題の性質に対応する。すなわち、数の任意の性質Aについて、Aが数 i について成り立つ、という命題 p_i について、成り立つ性質をA′とするのである。次の章で、これについて具体的な説明をする。

また、下の練習問題のように、ゲーデル数をつけなくても自己言及することができる。

練習問題1 推論者の数が有限でも無限でも違いがない別の宇宙を考える。推論者の何人かは不死身であるが、誰が不死身で、誰に寿命があるか知っているものはいない。自分自身に寿命があるのか、そうでないか、わかっている推論者もいない。すべての推論者Rに関して、$\overline{R}$ をRが不死身であるという命題としよう。任意の推論者RとSについて、$R\overline{S}$ は、Sが不死身であることをRが信じるという命題とする。任意の3人の推論者R, S, Kについて、$RS\overline{K}$ は、Kが不死身であることをSが信じることをRが信じるという命題である。(もし、もっと推論者がいれば)同様に続ける。

前の宇宙の事実1のかわりに、この宇宙に関して、次の事実が得られる。任意の推論者Rに関して、すべての推論者Sについて、Sが自分を不死身だと信じているとRが信じているなら、そしてそのときにかぎり、Sは不死身であると信じるような推論者R*が存在する(すなわち、$RS\overline{S}$ が真であるならば、そしてそのときにかぎり、$R^*\overline{S}$ は真である)。

推論者Rが与えられたとき、Rが p を信じるならば、そしてそのときにかぎり、p が真であるような命題 p を見つけよ。

Note ゲーデル数なしで自己言及するこの方法は、コンビネータ理論として知られる分野から借りたものである。この分野で、自己言及問題に関連した多くのことは、前にもあげた私の本 *TO MOCK A MOCKINGBIRD* の中で述べられている。

解答

1. 任意の推論者Rをとってくる。すると、事実1によって、すべての数 i について、Rが命題 $R_i p_i$ を信じるならば、そしてそのときにかぎり、p_i を信じるような推論者R*が存在する。さて、R*があるゲーデル数 h をもっているとすると、R*は推論者 R_h である。すなわち、任意の数 i について、次のことが真である。

(1) R_i が p_i を信じるということをRが信じるならば、そしてそのときにかぎり、R_h は p_i を信じる。

(2) R_h が p_h を信じるということを R が信じるならば、そしてそのときにかぎり、R_h は p_h を信じる。

われわれは、R_h が p_h を信じるという命題として p をとる。すると、われわれは、R が p を信じるならば、そしてそのときにかぎり、p が真であることがわかる。

2. R が p を信じるならば、そしてそのときにかぎり、p が真であるような命題 p が任意の推論者 R について存在することを、われわれは知っている。これは、次の2つのうちの1つが必ず成り立たねばならないことを意味する。(1) p が真で、かつ R は p を信じる。(2) p は偽で、かつ R は p を信じない。もし(1)が成り立つのなら、R は少なくともある1つの真の命題(すなわち、p)を信じる。それゆえ R は完璧に愚かではない。もし、(2)が成り立つのなら、少なくとも1つは偽の命題(すなわち、p)が存在し、R は p を信じない、それゆえ、R は少なくとも1つの偽の命題を信じない、つまり、R は完璧に愚かではない。

3. 事実2を使い、q として $\perp$ をとる。すると、任意の推論者 R に関して、R が $p \supset \perp$ を信じるような命題 p のみを信じる推論者 R′(事実2では、"S" と呼ばれる)が、存在する。(そのような推論者 R′ は、R に**対立**するといわれる。)

さて、R が完璧であると仮定すると、任意の命題 p に関して、$p \supset \perp$ が真であるならば、そしてそのときにかぎり、R は $p \supset \perp$ を信じる。それは、p が偽ならば、そしてそのときにかぎり、R は $p \supset \perp$ を信じるのと同じことである。それゆえ、R は p が偽ならば、そしてそのときにかぎり、$p \supset \perp$ を信じる。また、R が $p \supset \perp$ を信じるならば、そしてそのときにかぎり、R′ は p を信じる。さきの2つの事実を一緒にすると、p が偽ならば、そしてそのときにかぎり R′ は p を信じる。これは、R′ が完璧に愚かであるという意味である。

もしその宇宙に完璧な推論者 R がいるならば、その宇宙は完璧に愚かな推論者 R′ をも含まなければならないことがわかった。しかし、問題2でその宇宙は完璧に愚かな推論者を含まないことを証明した。それゆえ、宇宙は完璧

な推論者を含まない。

4.推論者が偽の命題を信じないなら、彼を**正確である**と呼ぼう。今、任意の正確な推論者Rを考える。問題3で完璧な推論者はいないことがわかっている。それゆえ、Rもまた完璧でない。これはRがある偽の命題を信じるか、ある真の命題を信じられないことを意味する。Rは正確であるから、任意の偽の命題を信じない。だからRはある真の命題を信じられないことにならなければならない。これは、任意の正確な推論者Rに関して、Rが信じられない真の命題が少なくとも1つは存在することを示している。pが真ならば、$\sim p$が偽であるから、正確なRは$\sim p$を信じない。それゆえ、すべての正確な推論者Rについて、彼の信念システムは不完全なのである。つまり、Rがpも$\sim p$もどちらも信じないような命題pが少なくとも1つは存在する。彼は、そのpが真か偽かについて永遠に決定できないでいるにちがいない。

すべての確立された命題が真であると仮定すると、推論者Eは正確である（なぜなら、彼はすべての確立された命題を信じ、それ以外は信じないのだから）。それゆえ、Eがpも$\sim p$も信じないような命題pが存在し、したがって、pも$\sim p$も確立されない。

5.証明は、事実1のかわりに事実Iを用いれば問題1と本質的に同じである。

推論者Rを与えると、任意の数iについて、命題$R_h p_i \equiv RR_i p_i$が確立されるような推論者R_h（R*と呼ばれる）が存在する。だから、$R_h p_h \equiv RR_h p_h$が確立される。すなわち、pを命題$R_h p_h$をpとすると$p \equiv Rp$が確立される。

6.確立された命題の集合が1型であると仮定すると、

(a)任意の推論者Rと任意の命題qをとると、事実IIによって、すべてのpに関して、命題$Sp \equiv R(p \supset q)$が確立されるような推論者Sが存在する。また、問題5によって、（RをSと読むと）$p \equiv Sp$が確立されるような命題pが存在する。すると$p \equiv R(p \supset q)$が確立される（上の二つの命題の論理的帰結で

ある)。

　(b) 再び、任意の推論者 R と任意の命題 q をとろう。(a) によって、ある命題を p_1 と呼べば、$p_1 \equiv R(p_1 \supset q)$ が確立されるような命題が存在する。だから、$(p_1 \supset q) \equiv (R(p_1 \supset q) \supset q)$ が確立され、そして、命題 $p_1 \supset q$ を p とすると、$p \equiv (Rp \supset q)$ が確立される。

7. 推論者 E が 4 型であるということが与えられているので、推論者 E は確かに 1 型である。それから、前の問題 (b) によって、命題 $p \equiv (Ep \supset q)$ が確立されるような命題 p が、任意の命題 q について存在する。すなわち確立された命題の集合は、**反射的**なのである。そして、第 19 章から、4 型である反射的な任意のシステムは G 型であることをわれわれは知っている。

第 26 章　驚異の論理機械

ファーガソンの最新機械

　私の本 *THE LADY OR THE TIGER* の登場人物、論理学者のマルカム・ファーガソン (Malcolm Fergusson) は、論理学や証明論の重要な原理を説明するために、論理機械を作ることを好んでいる。このうちの 1 つが、その本で述べられていた。近年、ファーガソンはゲーデルとレーブの定理について知り、友人たちに見せて楽しむために新たな機械を作りはじめた。彼は、友人たちが納得いくように、その機械が整合であり G 型の安定な機械であることを証明した。そして、その機械が整合であるが自分自身の整合性を絶対に証明できない、という事実をことのほか喜んだ。その機械は、レーブの定理とゲーデルの第 1、第 2 不完全性定理に隠された本質的な考えをとても簡単に、わかりやすく説明してくれる。だから、この機械についてくわしく読者に伝えることができて、私はうれしく思っている。

　その機械は、17 の記号から作られたいろいろな文を印字する。最初の 7 つの記号は次のものである。

P ⊥ ⊃ ( ) d ,
1 2 3 4 5 6 7

　7つの記号の下に、それぞれのゲーデル数を書いておいた。残りの10個の記号は、見なれた数字1, 2, 3, 4, 5, 6, 7, 8, 9, 0である。これらの数字には次のようにゲーデル数が割りあてられる。1のゲーデル数は89(8の次に9を1個つける)、2のゲーデル数は899(8の次に9を2個つける)、同様にそれを0まで続ける。0のゲーデル数は89999999999(8の次に10個の9をつける)である。このようにして、17の記号にゲーデル数が与えられる。複雑な式を与えられたら、それぞれの記号をゲーデル数で置きかえることによってその式のゲーデル数がわかる。たとえば、(P⊥⊃⊥)のゲーデル数は412325である。ほかに、P 35のゲーデル数は18999899999である。任意の式 E に対して、$\overline{E}$ で E のゲーデル数(1, 2, …, 0の数字の列で表わされる)を意味することにしよう。しかし、どんな数でもゲーデル数であるということはない。(たとえば、88はどんな式のゲーデル数でもない。)もし、ある式のゲーデル数がnであるなら、われわれはその式を第n式と呼ぶ。(たとえば、Pdは第16式であるし、⊥は第2式である。)

　機械の印字する文が、何を印字できて何ができないのかを表わしている点で、その機械は自己言及的である。その機械が印字できる式は、**印字可能**と呼ばれ、記号"P"は、「印字可能」を意味する。そして、17個の記号から作られた任意の式 E について、E が印字可能であるという式を書きたいとしたら、PE のようには書かずにP$\overline{E}$ と書くのである(すなわち、Pの次に E のゲーデル数を書く)。例としては、(P⊥⊃⊥)が印字可能だとする式は、P$(\overline{P⊥⊃⊥})$、つまりP 412325である。

　ファーガソンは、任意の式 X と Y について、X の Y に関する対角式を $(X(\overline{X}, \overline{Y}) \supset Y)$ と定義した。記号"d"は"diagonalization(対角式)"を省略したもので、任意の式 X と Y について、Pd$(\overline{X}, \overline{Y})$ は、X の Y に関する対角式は印字可能であるという命題を表わした文である。

　ここで、式が文であるとは何を意味するのか、文が真であるとは何を意味するか定義する。

(1) ⊥は文であり、⊥は偽である。

(2) 任意の式 X について、式 P$\overline{X}$ は文であり、式 X が印字可能であるならば、そしてそのときにかぎり真である。

(3) 任意の式 X と Y について、式 Pd($\overline{X}$, $\overline{Y}$) は文であり、式 $(X(\overline{X}, \overline{Y}) \supset Y)$ (X の Y に関する対角式) が印字可能であるならば、そしてそのときにかぎり真である。

(4) 任意の文 X と Y について、式 $(X \supset Y)$ は文であり、X が真でないかまたは Y が真ならば、そしてそのときにかぎり真である。

上の規則から導かれない式は文ではないことを、わかってもらわねばならない。論理的結合子 ~, &, $\vee$, $\equiv$ は、第8章で説明された方法で $\supset$ と $\perp$ から定義される。

機械が印字できるものを決めておこう。機械は文の無限に長いリストを次々と印字するようにプログラムされている。公理と呼ばれる文は処理中のどの段階でも印字できる。公理はすべての恒真式を含んでいる (すなわち、任意の恒真式 X に対して、機械はいつでも好きなときに (前の段階で、機械が何を印字したかにかかわらず) X を印字できる。またその機械は、任意の文 X と Y について、すでにある段階において X と $X \supset Y$ を印字しているならば、Y を印字できるようにプログラムされている。すなわち、その機械は (印字可能な文のクラスが1型であるという意味で) 1型である。もし X と $X \supset Y$ がともに印字可能であることが真であり、これより Y も印字可能であることが真ならば、文 (P$\overline{X}$&P($\overline{X \supset Y}$)) $\supset$ P$\overline{Y}$ は真であり、また同じことで、文 P($\overline{X \supset Y}$) $\supset$ (P$\overline{X} \supset$ P$\overline{Y}$) は真である (2つの文は論理的に同値な文である)。機械は P($\overline{X \supset Y}$) $\supset$ (P$\overline{X} \supset$ P$\overline{Y}$) の形の文がすべて真であることを「知って」いて、それらを公理とする。すなわち機械は2型である。さて次に、もし機械がすでに文 X を印字してあるならば、そのことを「知り」、いずれは真である文 P$\overline{X}$ を印字するだろう (X がすでに印字されたのだから、文 P$\overline{X}$ は真である)。だから、その機械は正常、それゆえ3型である。機械が正常なので、任意の文 X について文 P$\overline{X} \supset$ PP$\overline{X}$ は真である。したがって、機械は最初にそのような文がすべて真であるということに「気づいて」

いる。そしてそれらを公理とする。すなわち、機械は 4 型である。

機械にできることがもう 1 つあって、それは本当に重要なことである。任意の式 X と Y について、$(X(\overline{X}, \overline{Y}) \supset Y)$ が印字可能、つまり $\mathrm{P}\overline{(X(\overline{X}, \overline{Y}) \supset Y)}$ が真であるならば、そしてそのときにかぎり文 $\mathrm{Pd}(\overline{X}, \overline{Y})$ は真である。それゆえに、文 $\mathrm{Pd}(\overline{X}, \overline{Y}) \equiv \mathrm{P}\overline{(X(\overline{X}, \overline{Y}) \supset Y)}$ は真である。

機械はそのようなすべての文が真であることを知っていて、それらを公理とする。このような公理は **対角化公理** と呼ばれる。

では、その機械のすべての公理と操作をきちんと復習しておこう。

公理　グループ 1.　すべての恒真式。

　グループ 2.　$\mathrm{P}(\overline{X \supset Y}) \supset (\mathrm{P}\,\overline{X} \supset \mathrm{P}\,\overline{Y})$ の形のすべての文。

　グループ 3.　$\mathrm{P}\,\overline{X} \supset \mathrm{PP}\,\overline{\overline{X}}$ の形のすべての文。

　グループ 4.　対角化公理、$\mathrm{Pd}(\overline{X}, \overline{Y}) \equiv \mathrm{P}\overline{(X(\overline{X}, \overline{Y}) \supset Y)}$、の形のすべての文。ここで X と Y は任意の式である（文である必要はない）。

操作規則　(1)　公理は、任意の段階において印字できる。

　(2)　文 X と $(X \supset Y)$ がすでに印字されているなら、Y を印字できる。

　(3)　文 X がすでに印字されているなら、$\mathrm{P}\,\overline{X}$ を印字できる。

この操作は、機械の印字可能性を支配する規則を決定する。ある段階において機械が文 X を印字できるのは、上の規則の 1 つに従うことであるというのが理解されるであろう。すなわち、X をある場合において印字できるのは、次の 3 つの条件のうち 1 つが成り立つときのみである。(1) X が公理であること。(2) 以前の段階において Y と $(Y \supset X)$ が印字されているような文 Y が存在すること。(3) X が文 $\mathrm{P}\,\overline{Y}$ であるとすると、以前の段階において、すでに印字されているような文 Y が存在すること。

Remarks　任意の文 X に関して、文 $\mathrm{P}\,\overline{X}$ を $\mathrm{B}X$ と書くことにしよう。その記号 "B" は機械語ではない。それは、機械について記述するための表記法である。"B" はそれぞれの文 X に文 $\mathrm{P}\,\overline{X}$ を対応づける操作を表わすものとして

使われている。機械が4型であるといったとき、この操作Bに関して4型であることを意味する。本質的に、対角化公理を除くとこの機械の公理システムは様相システムK_4である。対角化公理を加えることによって、様相システムGの能力を得られることはもうすぐ明らかになる。

証明可能性 それぞれの文に対して、その文が真であるということは何を意味するのか定義してきた。それぞれの文は明確な命題を表現し、それは真かもしれないし偽かもしれない。機械がある命題を表現する文を印字するならば、その機械はその命題を証明するという。たとえば、文~P2は、(2は⊥のゲーデル数だから)機械が整合であるという命題を表現する。もし機械が~P2を印字したならば、機械は自分自身の整合性を証明したことになり、機械がP2を印字したならば、自分自身の不整合性を証明したことになる。

もし機械が証明可能なすべての命題が真であるならば、その機械は正確であるという。また、⊥を証明できないなら、その機械は整合であるといい、すべての文Xについて、P$\overline{X}$が印字可能であるならばXも印字可能であるとき、その機械は安定であるという。

反射性 さて、その機械がゲーデル的である(実は反射的である)という証明に入ろう。

1. ゲーデル文 G

文 $G \equiv {\sim}\mathrm{P}\overline{G}$ (すなわち、文 $G \equiv (\mathrm{P}\overline{G} \supset \bot)$) が印字可能であるような文 G を見つけよ。

2. 反射性

任意の文 Y について、文 $X \equiv (\mathrm{P}\overline{X} \supset Y)$ が印字可能であるような文 X が存在することを証明せよ。

解答 問題1は問題2の特別な場合であるから、はじめに問題2を答えよう。Y を任意の文とすると、任意の式 Z について文 $\mathrm{Pd}(\overline{Z}, \overline{Y}) \equiv \mathrm{P}(\overline{Z(\overline{Z}, \overline{Y})}$

⊃Y) は(対角化公理の1つであるから)印字可能である。Z に式 Pd をとると、Pd(Pd, $\overline{Y}$)≡P($\overline{\text{Pd}(\text{Pd}, \overline{Y})⊃Y}$) が印字可能である。機械は1型であるから、次の文が印字可能になる。(Pd(Pd, $\overline{Y}$)⊃Y)≡(P($\overline{\text{Pd}(\text{Pd}, \overline{Y})⊃Y}$)⊃$Y$)

今、文(Pd(Pd, $\overline{Y}$)⊃Y)を X とすると、文 X≡(P$\overline{X}$⊃Y)は印字可能。

Y に⊥をとると問題1は問題2の特別な場合となる。すなわち機械のゲーデル文 G は(Pd(Pd, $\overline{⊥}$)⊃⊥)で、それは文(Pd(16, 2)⊃⊥)である。

ゲーデル文 G をもっとくわしく見てみよう。まず文 Pd(16, 2)は何をいっているのであろうか？ その文は、第2式に関する第16式の対角式が印字可能であることをいっている。さて、第16式は Pd で、第2式は⊥であるから、Pd(16, 2)は Pd の⊥に関する対角式が印字可能であることを表わしている。この対角式は文(Pd(16, 2)⊃⊥)であり、これはまさに文 G である。そして、Pd(16, 2)は G が印字可能であることをいっている。それゆえ、(Pd(16, 2)⊃⊥)(これは文 G そのものである)は、G が印字可能でないことをいっている(もしくは同じことだが、G の印字可能性は偽を含意する)。すなわち、G は G が印字可能でないことを表わしている。G は G が印字可能でないならば、そしてそのときにかぎり真である。G は自分自身の印字不可能性を主張している。要するにこれが、自己言及を遂行する上でのゲーデルの巧みな方法である。

文 G≡〜P$\overline{G}$——要するに文 G≡(P$\overline{G}$⊃⊥)——はたんに真であるだけでなく、印字可能である(問題1より)。機械は正常でかつ1型なので、ゲーデルの不完全性定理に従う(これは、第20章、定理1、184ページである)。その定理は、その機械が整合であるなら、G が印字可能でなく、また機械が安定であるならば、〜G もまた印字可能でない。

もし、機械が整合かつ安定であるならば、文 G は機械が印字できる文のシステムで決定不可能である。

今、機械は実際に4型でゲーデル的(すなわち文 G≡〜P$\overline{G}$ が印字可能)であるので、ゲーデルの第2不完全性定理に従う(第13章、要約1*(4)、118ページ)。第2不完全性定理は、もし機械が整合であるならば、自分自身の整合性を証明できない(すなわち、文〜P2を印字できない)というものである。ま

た、機械が整合であるならば、文〜P2は真で、それは機械が印字できない真である文の1つの例である。

さらに機械は、反射的(問題2)であり、4型であるので、レーブ的でなければならない(レーブの定理による)。つまり、任意の文 X について、もしP$\overline{X}$⊃X が印字可能であるなら、X も印字可能である。したがって、第18章(165ページ)の定理 M_1 によってその機械はG型である。

機械の正確性

もし、ファーガソンの機械が整合であるならば、自分自身の整合性を証明できないことを見てきたが、では、われわれはその機械が整合であるかそうでないかを知るためにはどうしたらよいのだろうか？ 今からわれわれは、その機械が整合であるだけでなく、完全に正確である(すなわち機械によって印字されるどの文も真である)ことを証明してゆく。

われわれはすでにその機械の公理がすべて真であることを示してきたが、ここで注意深く要点を復習しよう。グループ1の公理はすべて恒真式である。それゆえ確かにそれらは真である。グループ2の公理に関しては、P($\overline{X⊃Y}$)⊃(P$\overline{X}$⊃P$\overline{Y}$)が真だというのは、P($\overline{X⊃Y}$)とP$\overline{X}$ が双方ともに真であるならば、PYも真である、というのと同じである。これは($X⊃Y$)とX が2つとも印字可能であるならば、Y もそうである、という意味である。これは明らかに操作2によってそうなる。したがって、グループ2の公理もすべて真である。グループ3の公理に関しては、P$\overline{X}$⊃PP$\overline{X}$ が真であるというのは、もしP$\overline{X}$ が真であるならPP$\overline{X}$ も真であるというのと同じである。これは、X が印字可能であるならP$\overline{X}$ も印字可能である、ということで、これは操作3によってそうなる。対角化公理によれば、($X(\overline{X},\overline{Y})⊃Y$)が印字可能であるとき、つまりP($\overline{X(\overline{X},\overline{Y})⊃Y}$)が真であるならば、そしてそのときにかぎりPd($\overline{X},\overline{Y}$)は真である。したがって、Pd($\overline{X},\overline{Y}$)≡P($\overline{X(\overline{X},\overline{Y})⊃Y}$)は真である。

これで、われわれはその機械のすべての公理が真であることがわかったが、まだすべての印字可能な文が真であることを示す必要がある。機械は公理を

いかなる段階でも印字できることを思いだしておこう。これから次の補題、定理、系を証明していこう。

補題 もし、X がある段階で印字された文で、かつその前の段階に印字されたすべての文が真であるならば X もまた真である。

定理1 その機械によって印字されたどの文も真である。

系 その機械は整合でかつ安定である。

3

上の補題、定理、系はどのように証明されるのだろうか？

解答 まず補題を証明しよう。過去に印字されたすべての文が真であると仮定して、X が真であることを操作規則に従って順に証明しよう。

　操作規則1の場合　X が公理のとき、X は真である（すでに証明されたとおり）。

　操作規則2の場合　Y かつ $(Y \supset X)$ がすでに印字されているような文 Y が存在するとき、仮定によって、Y かつ $(Y \supset X)$ は真であり、それゆえ X は真である。

　操作規則3の場合　X が $P\overline{Y}$ の形のとき、ここで Y は過去に印字された文である。Y は印字されたのだから $P\overline{Y}$ は真である。すなわち X は真である。これで補題の証明を終る。

定理1の証明　その機械はある決められた無限列 $X_1, X_2, \cdots, X_n, \cdots$ の印字可能な文すべてを印字するようにプログラムされている。X_n は n 番目に印字される文を意味する。今、機械によって印字される最初の文 (X_1) は公理でなければならない（というのも、その機械は他のどんな文もまだ印字していないから）、それゆえ X_1 は真でなければならない。もし上の無限列が偽の文を含んでいたとすると、X_n が偽であるような最小の数 n が存在しなければなら

ない。すなわち、機械が印字する最初の偽の文が存在しなければならない。われわれは n が1でないことを知っており、X_1 は真だから、n は1よりも大きい。これは n より前のすべての段階において真の文のみを印字してきたが、n 番目に偽の文を印字することを意味する。しかし、これは補題と矛盾する。ゆえに機械はどんな偽の文も印字しない。

系1の証明 その機械は正確なので(定理1より)、⊥は絶対に印字されない(⊥は偽であるから)。したがってその機械は整合である。

次に、$P\overline{X}$ が印字可能であると仮定すると、$P\overline{X}$ は真(定理1によって)、これは X は印字可能であることを意味する。それゆえ機械は安定である。

このようにファーガソンの機械は整合であることを見てきた。しかし、自分自身の整合性はけっして証明できないのである。すなわち、あなたと私(ファーガソンも)はその機械が整合であると知っているけれども、このかわいそうな機械にはその知識がないのである!

クレイグの類似機械

クレイグ警部(ファーガソンの親しい友人)がファーガソンの機械のことを聞いたとき、おもしろい類似機械を思いついた。それはゲーデルの番号づけを含まないものである。クレイグの機械は次の6個の記号を使っていた。

  P   ⊥   ⊃   (   )   R

クレイグは、文と真である文を次の規則によって定義した。

(1) ⊥は文で、⊥は真でない。

(2) 任意の文 X と Y について、$(X \supset Y)$ は文であり、X が真でないか、または Y が真であるならば、そしてそのときにかぎり真である。

(3) 任意の文 X について、その機械が X を印字できるならば、そしてそのときにかぎり PX は真である。

(4) 任意の文 X と Y について、表現 (XRY) は文であり、その機械が

$((XRX) \supset Y)$ を印字できるならば、そしてそのときにかぎり真である。

(XRY) が真であるというのが、文字 R を含む言葉で定義されているので、(4) は循環しているように見えるかもしれない。しかし、この循環性はそう見えるだけである。もしクレイグが $((XRX) \supset Y)$ が真であるならば、そしてそのときにかぎり (XRY) を真であると定義すれば、その定義は循環するであろう。なぜなら、最初に (XRX) が真であるというのが何を意味するのかを知らなければ、(XRY) は真であるというのは何を意味するのかわからないのだから。しかし、クレイグはそうはしなかった。任意の文 X と Y について、表現 $((XRX) \supset Y)$ が印字可能であるかそうでないかのどちらかによって、(XRX) の真理性を定義したのである。その記号"R"は $((XRX) \supset Y)$ が印字可能であるとき、X と Y のあいだで成り立つ関係を表わす。すなわち、クレイグは関係 R をそれ自身を使って定義したのではなく、記号"R"を用いて定義したのである。すると、循環しないで定義できる。

クレイグ機械の公理のうち最初の 3 つのグループは、様相システム K_4 と同じものである (ここで、文はクレイグのシステムの機械語を意味する)。すなわち、X, Y, Z の上の線を除けば、ファーガソン機械の最初の 3 つの公理のグループに似ている。クレイグの 4 つめの公理のグループは、次のようである。(4)′(クレイグの対角化公理)$(XRY) \equiv P((XRX) \supset Y)$ の形のすべての文。

もちろん、クレイグの対角化公理はすべて真の文である。

クレイグの機械の操作規則は、ファーガソン機械と同じものである。

4

(a) クレイグの機械が反射的である (したがって、それは 4 型であるので G 型である) ことを証明せよ。

(b) クレイグの機械のゲーデル文 (すなわち、クレイグの機械によって $G \supset \sim PG$ が印字可能であるような文 G) を見つけよ。

解答 (a) 任意の文 X と Y について、文 $(XRY) \equiv P((XRX) \supset Y)$ が印

字可能であり(それは、対角化公理である)、これは X がたまたま文 Y である場合にも成り立つ。それゆえ、$(YRY) \equiv P((YRY) \supset Y)$ は印字可能である。したがって、文$((YRY) \supset Y) \equiv (P((YRY) \supset Y) \supset Y)$ も印字可能であり、これより、$Z \equiv (PZ \supset Y)$ が印字可能となる。ここで、Z は$((YRY) \supset Y)$ である。

(b) Y に⊥をとると、ゲーデル文$((⊥R⊥) \supset ⊥)$ を得る。

Note われわれがファーガソンの機械に用いたのと同じ理由によって、クレイグの機械の公理はすべて真である。それよりクレイグの機械によって印字可能な、どの文も真であるというのがわかる。つまり、この機械は整合であり安定である(そしてG型である)。

マカロックの観察

ウォルター・マカロック(クレイグとファーガソンの友達)がクレイグの機械について聞かされたとき、彼は次のような興味深い観察をした。記号"R"が現われない任意の文 X と Y について、$(XRY) \equiv Z$ が印字可能であり、記号"R"が現われない文 Z が存在する。(これは、任意の文 X について、$X \equiv X'$ がクレイグの機械によって印字可能であり、記号"R"が現われないような文 X' が存在することを含意する。)

マカロックの観察が正しいことを証明できるだろうか?

解答 われわれは、第19章の問題8の解答で、$p \equiv B(p \supset q)$ を証明可能な任意のG型のシステムは $p \equiv Bq$ を証明できることを示した。(われわれは、これを推論者について行ったが、しかし同じ議論がシステムについても成り立つ。)今、クレイグのシステムはG型で、任意の文 X について、文$(XRX) \equiv P((XRX) \supset X)$ は印字可能である。そして、p に (XRX) を、q に X をとれば、$(XRX) \equiv PX$ が印字可能であることがわかる。これから、$((XRX) \supset Y) \equiv (PX \supset Y)$ が印字可能であること、(規則性によって)$P((XRX) \supset Y) \equiv P(PX \supset Y)$ が印字可能であることがわかる。また、(対角化公理)$(XRY) \equiv P((XRX) \supset Y)$ は印字可能であるから、$(XRY) \equiv P(PX \supset Y)$ は印字

可能である。そして、記号"R"が X か Y のどちらにも現われないならば、P(PX⊃Y)にも現われない。そこで Z として、P(PX⊃Y)をとればよい。

第27章　様相システムの自己適用

クレイグとファーガソンの論理機械の経験をもとに、ここで**自己言及的解釈**の観点から様相公理系を見てみよう。

様相文(あるいはたんに文)とは、命題変数を含まない様相論理式のことである。ある様相文のBをある様相システムMで「証明可能」であると解釈したとき、もしその文が真ならば、その文はMにおいて「真」であると定義しよう。

(1)　⊥はMにおいて偽である。

(2)　任意の様相文XとYについて、XがMにおいて真ではないか、YがMにおいて真であるならば、そしてそのときにかぎり文$X \supset Y$はMにおいて真である。

(3)　任意の文Xについて、XがMで証明可能であるならば、そしてそのときにかぎり文BXはMにおいて真である。

Note　文XはMにおいて証明可能ではなくても真になりうる。また、逆も成り立つ。たとえば、文~B⊥はMが整合であるならば、そしてそのときにかぎりMにおいて真である。~B⊥がMで証明可能であるということは、Mが自分の整合性を証明できるというのと同じことである。様相システムGが

整合であることは追って見ることになるが、その結果、文〜B⊥はGにおいて真である。しかし、文〜B⊥はGで証明可能ではない。一方、不整合な任意の1型の様相システムはどんな文でも証明することができる。よって、とくに文〜B⊥も証明できる。この場合、文〜B⊥はそのシステムで証明可能であるが、そのシステムにおいて真ではない。

今、様相システム M_1 と様相システム M_2 (M_1 とは同じでも異なっていてもよい)を考えてみよう。M_1 で証明可能ないかなる文も M_2 で真であるならば、M_1 は M_2 において正しいということにしよう。ある様相システムMがMにおいて正しい、すなわち、Mで証明可能ないかなる文もMにおいて真であるならば、そのMは**自己言及的に正しい**ということにしよう。

任意の自己言及的に正しいシステムは整合でなければならない(なぜなら、もし⊥がそのシステムで証明可能であるとすると、⊥がそのシステムで偽であることから、そのシステムは自己言及的に正しくはなりえないからである)。また、そのようなシステムは安定でなければならない(なぜなら、もし BX がそのシステムで証明可能かつ自己言及的に正しいならば、BX はそのシステムにおいて真でなければならないが、これは X がそのシステムで証明可能であることを意味している)。したがって、自己言及的に正しい任意のシステムは、自動的に整合であるとともに安定である。

自己言及的な正しさは興味深い性質を1つもっている。あるシステムMにおいて、その公理のいくつかを削除したシステムが自己言及的には正しくなかったとしても、Mは自己言及的に正しくなりうるのである。たとえば、ある公理があって、それは2つめの別の公理がそのシステムで証明可能であることを主張しているとしよう。もし2つめの公理が削除されると、最初の公理は偽になってしまうかもしれない!

自己言及的に正しいシステム 第24章で解説した様相文システム $\overline{K}$, $\overline{K_4}$, $\overline{G}$ を思いだそう。(これらはその公理が文に制限されている点を除けばシステム K, K_4, G と同じである。) ここでの目標は、これらの3つのシステムが自己言及的に正しいことを示すことである。(ついでながら、このことからシステム K, K_4, G は自己言及的に正しいことを示すことができるようになる。)

$\overline{M}$ がこれら3つのシステム $\overline{K}$, $\overline{K_4}$, $\overline{G}$ のいずれかであるとする。$\overline{M}$ が自己言及的に正しいことを示すためには、$\overline{M}$ のすべての公理が $\overline{M}$ において真であることを示せば十分である。その理由が以下の補題の結論であるが、この結果は他の目的にも使うことができる。

補題A 三段論法 (X と $X\supset Y$ から Y を推論できる)および必然規則(X から BX を推論できる)だけを推論規則とする任意の様相文システム $\overline{M_1}$ を考える。M_2 を、$\overline{M_1}$ で証明可能な文はすべて M_2 で証明可能であり、すべての $\overline{M_1}$ の公理が M_2 において真であるような任意の様相システムとする。すると、$\overline{M_1}$ で証明可能なすべての文は M_2 において真である。すなわち、$\overline{M_1}$ は M_2 において正しい。

系 A_1 三段論法と必然規則だけを推論規則とする任意の文からなる様相システム $\overline{M}$ において、すべての $\overline{M}$ の公理が $\overline{M}$ において真であるならば、$\overline{M}$ は自己言及的に正しい。

1

補題 A を証明せよ。(ヒント—この証明は、本質的にはファーガソンの機械で証明可能なすべての文が真であることを示すために、前章で行った議論と同じであるが、この機械のすべての公理が真であることはすでに証明してある。)

解答 システム $\overline{M_1}$ における証明を構成する任意の文の列 $X_1, \cdots, X_n$ を考える。まず、第1文 X_1 が M_2 において真でなければならないことを見る、次に第2文 X_2 が M_2 において真でなければならないことを見る。さらに第3文 X_3 以下、最終列までを考える。

第1文 X_1 は公理でなければならない。ゆえに、仮定によりこれは M_2 において真である。次に、第2文 X_2 を考える。これは $\overline{M_1}$ の公理であるか(この場合 M_2 において真)、あるいは文 BX_1 でなければならない。この場合、X_1 はすでに $\overline{M_1}$ で証明してあるので、ゆえに M_2 で証明可能である。したがって、

BX_1 は M_2 において真である。これで、最初の2文が M_2 において真であることがわかった。では、第3文 X_3 を考えてみよう。もし、これが $\overline{M_1}$ の公理であるか、Y を以前の列(X_1 または X_2)としたとき BY の形をしているのであれば、前と同じ理由によって X_3 は M_2 において真である。もし、X_3 がどちらでもないならば、それは X_1 と X_2 から三段論法によって導かれなければならない。X_1 と X_2 が M_2 において真であることはもうわかっているから、X_3 は M_2 において真であることが導かれる(明らかに、任意の文 X と Y に対して、もし X と $X \supset Y$ がともに M_2 において真であるならば、Y は M_2 において真である)。これで、最初の3文がすべて M_2 において真であることがわかった。このことを知っていれば、X_4 が真であることは同じ議論によって証明できる。すると、最初の4文が真であることがわかっているので、同様にして第5文が真であることが導かれる。以下、最終文に達するまで同じことをくりかえす[注]。これで補題Aの証明は終りである。

システム $\overline{K}$, $\overline{K_4}$, および $\overline{G}$ の自己言及的な正しさは系 A_1 と次の補題から導かれる。

補題B 任意の様相システムMに対して以下のことが成り立つ。

(a) もしMが1型ならば、$\overline{K}$ のすべての公理はMにおいて真である。

(b) もしMが正常かつ1型ならば、$\overline{K_4}$ のすべての公理はMにおいて真である。

(c) もし、MがG型ならば、$\overline{G}$ のすべての公理はMにおいて真である。

2

なぜ、補題Bは正しいのか?

解答 (a) Mの証明可能な文の集合が三段論法に関して閉じているものとする。すべての恒真式はMにおいて明らかに真である(それらは任意の様相

注) このような論証の仕方は**数学的帰納法**として知られている。

システムにおいて真である)。$\overline{\mathrm{K}}$ のその他の公理は $(\mathrm{B}X \& \mathrm{B}(X \supset Y)) \supset \mathrm{B}Y$ の形の文である(あるいは、$\mathrm{B}(X \supset Y) \supset (\mathrm{B}X \supset \mathrm{B}Y)$ の形だが、それらのあいだには違いはない)。$(\mathrm{B}X \& \mathrm{B}(X \supset Y)) \supset \mathrm{B}Y$ が M において真であることをいうのは、X が M で証明可能で、かつ $X \supset Y$ も M で証明可能であるならば Y も証明可能であるというのと同じであるが、これは事実である。というのは、M の証明可能な文は三段論法に関して閉じているからである。

　(b)　M は 1 型の正常なシステムであるとしよう。すると、(a) から、$\overline{\mathrm{K}}$ のすべての公理は M において真である。その他の $\overline{\mathrm{K}_4}$ の公理は $\mathrm{B}X \supset \mathrm{BB}X$ の形の文である。ところで、このような文が M において真であることをいうのと、$\mathrm{B}X$ が M において真ならば $\mathrm{BB}X$ もそうであること、いいかえれば、X が M で証明可能ならば $\mathrm{B}X$ もそうであるというのとは同じことである。M は正常なのでそうなる。

　(c)　M は G 型であるとしよう。すると、これは 4 型のはずである。したがって、(b) によって $\overline{\mathrm{K}_4}$ のすべての公理は M において真である。$\overline{\mathrm{G}}$ の残りの公理は $\mathrm{B}(\mathrm{B}X \supset X) \supset \mathrm{B}X$ の形の文である。そして、これが真であることをいうのは、$\mathrm{B}X \supset X$ が M で証明可能であるならば、X もそうであること、いいかえれば、M はレーブ的であることをいうのと同じである。ところで、G 型の任意のシステムがレーブ的であることは第 19 章で証明した。これで補題 B の証明は終りである。

　以下、M は K, K_4, G のいずれかのシステムであるとして進めていこう。また、$\overline{\mathrm{M}}$ は $\overline{\mathrm{K}}$, $\overline{\mathrm{K}_4}$, $\overline{\mathrm{G}}$ のいずれかである。

系 B_1　$\overline{\mathrm{M}}$ のすべての公理は $\overline{\mathrm{M}}$ において真である。

系 B_2　$\overline{\mathrm{M}}$ のすべての公理は M において真である。

証明　$\overline{\mathrm{K}}$, $\overline{\mathrm{K}_4}$, $\overline{\mathrm{G}}$ はそれぞれ、1 型、正常かつ 1 型、G 型であるから、補題 B から系 B_1 はすぐ得られる。また、K, K_4, G はそれぞれ、1 型、正常かつ 1 型、G 型であるから、系 B_2 も得られる。

系 B_1 と系 A_1 から、次の定理1を得る。

定理1 $\overline{K}$, $\overline{K_4}$, $\overline{G}$ の各システムはすべて自己言及的に正しい。

系 $\overline{K}$, $\overline{K_4}$, $\overline{G}$ の各システムは整合かつ安定である。

これで整合かつ安定である G 型のシステムの3つめの例、すなわち様相システム $\overline{G}$ (その他の2つのシステムは前章で述べた機械である) を得たわけである。様相システム G も自己言及的に正しい (よって整合かつ安定である) ということは、このあとすぐに見る。

たんに自己の整合性を証明できないからという根拠でシステムの整合性を疑うことの不合理を、読者はもう完全に理解されたのではないかと思う。

3つのシステム K, K_4, G K, K_4, G の各システムが自己言及的に正しいことを証明するために、以下のように議論を進める。まず最初に、補題 A からもう1つの系を得る。

系 A_2 M を、三段論法と必然規則だけを推論規則とする任意の様相システムとしよう。すると、$\overline{M}$ のすべての公理が M において真であるならば、$\overline{M}$ のすべての証明可能な文は M において真である。

系 A_2 と B_2 から、もし M が様相システム K, K_4, あるいは G のいずれかであるならば、$\overline{M}$ で証明可能なすべての文は、M において真であることが導かれる。しかし、これで終りではない。M がこれら3つのシステムのどれかであるとき、M で証明可能な任意の文は $\overline{M}$ でも証明可能であるということの証明が残っている。(これは、第24章の最後で証明抜きに述べておいたことである。)これがなされると、K, K_4, G の自己言及的な正しさの証明は完成する。

3

ある文が M (M は K, K_4, G のいずれか) で証明可能ならば、それが $\overline{M}$ で

証明可能であるということが真であるのはなぜか？

解答 これら3つのシステムのどれについて調べてみてもわかることだが、もし X が M の公理であれば、X の命題変数を任意の文で置きかえたとき（もちろん、同じ変数の異なる出現を同じ文で置きかえる）、置きかえた結果の文もまた M の公理であり、ゆえに、$\overline{\mathrm{M}}$ の公理である。任意の文を1つとって T としよう、また任意の論理式 X に対して、X のすべての命題変数を T で置きかえた結果を X' とする。もちろん、X 自身が文であるときは X' とは X のことである。ここで、次のことを注意しておこう。(1) もし X が M の公理ならば、X' は $\overline{\mathrm{M}}$ の公理である。(2) 任意の論理式 X と Y に対して、文 $(X \supset Y)'$ は文 $X' \supset Y'$ である。したがって、任意の論理式 X, Y, Z に対して、Z が X と Y から三段論法によって導けるならば、Z' は X' と Y' から三段論法によって導ける。(3) 任意の論理式 X に対して文 $(\mathrm{B}X)'$ は $\mathrm{B}X'$（B があって、そして X' が続く）である。したがって、もし Y が X から必然規則によって導けるならば、Y' は X' から必然規則によって導ける。それゆえ、論理式の任意の列 $X_1, \cdots, X_n$ が与えられたとき、この列がシステム M で証明を構成するならば、列 $X_1', \cdots, X_n'$ は $\overline{\mathrm{M}}$ で証明を構成する。したがって、もし X が M で証明可能な任意の論理式であるならば、文 X' は $\overline{\mathrm{M}}$ で証明可能である。さらに、もし X がたまたま文であったならば、$X' = X$ である。ゆえに、X はそれ自身 $\overline{\mathrm{M}}$ で証明可能である。このことは、M で証明可能な任意の文は $\overline{\mathrm{M}}$ で証明可能であることを示している。

XI フィナーレ

第28章　様相システム、機械、そして推論者

次章で、いくつかのたいへんおかしな推論者たちに出会うことになる。それらを完全に理解できるように、まず最小の推論者について見てみよう。

いろいろなタイプの最小の推論者

様相文 X は、それ自体真でも偽でもない。それは"B"という記号の解釈が与えられたとき、ある一定の命題を表現するというだけである。われわれは前の章で、ある文が様相システム M において真であることを、"B"が M における証明可能性として解釈されるときにこの文が真であることで定義したのであった。また、ある様相文がある推論者において真であることを、"B"の解釈が、その推論者によって信じられていることであるとしたときに、それが真であるということだと理解してきた。

ある文がある推論者において真であるということの意味は、それがその推論者に信じられている、ということとはまったく異なることである。

たとえば、〜B⊥がある推論者にとって真であるということはその推論者が整合であるということであるのに対して、〜B⊥がある推論者によって信じられているということは、その推論者が自分の整合性を信じているということなのである。

様相システム $\overline{G}$ において証明可能なすべての文を、かつそれだけの文を印字するような機械は、以下の命令を与えることによって容易にプログラムすることができる。(1) 任意の段階において、$\overline{G}$ の任意の公理を印字してよい。(2) 任意の段階において、文 X と $(X \supset Y)$ をすでに印字してあるときは、Y を印字してよい。(3) 任意の段階において、X をすでに印字してあるときは、BX を印字してよい。(そして、この機械には、自分ができる任意のことを遅かれ早かれするように、つまり $\overline{G}$ で証明可能などの文も最終的にその機械が印字するということを保証するような命令を引き続き与えられる。) このような機械を $\overline{G}$ 機械と呼ぶことにしよう。

ここで、この機械の出力をつねに注意しているような推論者を想像してみよう。ところが、彼は BX を「X はその機械で印字可能である」、または「X は $\overline{G}$ で証明可能である」と解釈するのではなく、「私は X を信じる」と解釈するのである。(彼はその機械は自分についての文を出力していると考えるのである！) 彼の与える様相文の解釈を、**自己中心的解釈**と呼ぶことにする。

次に、この推論者は彼が信じていることをこの機械が知っているということに関して絶対の信頼をおいており、したがって機械がある文 X を印字したときは、いつでも彼はそれをすぐに (もちろん自己中心的解釈のもとで) 信じるとしよう。すると、彼の信念システムは $\overline{G}$ で証明可能なすべての文を含むことになる。このことは、彼が G 型であることを保証するものではけっしてない (たとえ彼が自分が正常であることを信じているとしても、彼は正常ではないかもしれない。また、彼が自分はそうであると信じているとしても、彼は 1 型でさえないかもしれない)。もちろん、もし彼が $\overline{G}$ で証明可能なすべての文を正しく信じているならば、彼が G 型であることを示すのは容易である。

ここで彼はこの機械が印字可能なすべての、そしてそれらの文のみを信じるとしてみよう。すると、彼の信念システムは $\overline{G}$ で証明可能な文の集合とちょうど一致する。そして、$\overline{G}$ は G 型なので、彼は G 型でなければならない。このような推論者を G 型の**最小の**推論者と呼ぶことにしよう。システム $\overline{G}$ が (前章で示したように) 自己言及的に正しいことから、G 型の最小の推論者は彼の信念に関して正確でなければならない。さらに、任意の G 型の最小の

推論者は整合かつ安定であるということもわかる。

さて、整合で安定なG型の推論者という概念は論理的矛盾を含まないということを見てみよう。G型の推論者は必ずしも整合ではない。(実際、任意の不整合な推論者は、1型のものでさえ、同時にG型でもある。それは彼がどんなことでも信じるからである!) しかし、G型の最小の推論者は整合かつ安定である。

ここで、G型であって、かつこの機械の出力に注目している(そしてすべての様相文を自己中心的に解釈する)ような推論者を考えてみよう。彼は(自己中心的解釈のもとで)これらすべての文を信じなければならないだろうか? 彼が$\overline{G}$のすべての公理を信じるということは容易に検証できる。(実は、第11章において、4型の任意の推論者は自分が4型であることを知っているということは示してある。よって彼は$\overline{K_4}$のすべての公理を信じることになる。G型の推論者は自分が謙虚であることも信じているが、これは彼がB(BX⊃X)⊃BXの形のすべての文を信じること、したがって$\overline{G}$のすべての公理を信じるということを意味している。)そして、機械の印字するもので公理でないものは、三段論法と必然規則を使って得られたものだけであり、しかもこの推論者の信念は三段論法に関して閉じていて、しかも正常であるので、彼は各文が印字されるに従ってそれを次々と信じることになる。(もし誰かがこの作業を中断させて推論者に機械についての彼の意見を尋ねたとすると、推論者はこう答えるだろう。「この機械はまったくすばらしい。これが私について印字したことは、これまでのところすべて真実だ!」)

G型の推論者が実際に$\overline{G}$で証明可能なすべての文を信じるということは、これで理解できた。

次に、ある様相文XがG型のすべての推論者に信じられているとする。このことから、Xが実際に$\overline{G}$で証明可能であるということが導けるだろうか? 答はイエスである。もしXがG型のすべての推論者に信じられているならば、それはG型の最小の推論者に信じられていなければならないので、$\overline{G}$で証明可能でなければならないからである。したがって、G型のすべての推論者によって信じられているならば、そしてそのときにかぎりある文は$\overline{G}$で証明可能であるということがわかる。また、G型の任意の最小の推論

者が与えられたとき、彼はG型のすべての推論者によって信じられている文を、そしてそれらの文だけを信じる。

もちろん、2つの異なる推論者が同じ様相文に注目したとき、彼らは同じように解釈するわけではない。各自"B"を自分自身の信念に対する参照として解釈するのである。(「私」という語について、使う人が違えば、違う人を指すのとちょうど同じである。)したがって、われわれがG型のすべての推論者によって信じられている様相文について述べているとき、信じるということの意味は、彼ら自身の自己中心的解釈に従って各々が信じているということなのである。

もちろん、様相システム $\overline{G}$ および G 型の推論者について述べてきたことはどれも、様相システム $\overline{K_4}$ および 4 型の推論者に対しても成り立つ。すなわち、ある文は、4 型のすべての推論者によってそれが信じられているならば、そしてそのときにかぎり $\overline{K_4}$ で証明可能である。同様に、ある文は、3 型のすべての推論者によってそれが信じられているならば、そしてそのときにかぎり $\overline{K}$ で証明可能である。

さらに様相システムおよび推論者について

この章の残りで述べる各問題の結果は、次の2つの章の理解のためには必ずしも必要なものでないが、それ自体で興味深い問題である。

1

ある推論者の信念が三段論法に関して閉じており、$\overline{K_4}$ の任意の公理 X に対して、その推論者は X、および彼が X を信じていることを、信じているものとする。彼が必然的に、すべての4型の推論者によって信じられているすべての文を信じることになるだろうか?(彼は正常ではなくてもよいということを思いだそう!)答は問題2のあとで与えられる。

2

さて、$\overline{K_4}$ を $\overline{G}$ で置きかえてみよう。上の推論者は必然的にG型のすべて

の推論者によって信じられているすべての文を信じることになるだろうか？

　以上の各問題の答は、様相システム K_4 および G に関する(さらに $\overline{K_4}$ と $\overline{G}$ に対しても適用できる)よく知られた定理によって与えられる。その定理についてこれから述べ、証明の概要を与えよう。

　M を、その推論規則が三段論法と必然規則だけである、任意の様相システムとする。また、M′ を、M の公理に BX の形のすべての論理式(ただし、X は M の公理)を加えたものを公理とし、三段論法だけを推論規則とするような様相システムとしよう。M′ で証明可能なことはどれも M で証明可能であることは明らかである(なぜなら、M の任意の公理 X に対して BX も M で証明可能であり、したがって M′ のすべての公理は M で証明可能である)。しかし一般的に、M で証明可能なことがどれも M′ で証明可能であるということは真ではない。それでも、以下のような興味深い結果が得られる。

定理1　もし K_4 のすべての公理が M で証明可能ならば、M で証明可能なことはどれも M′ で証明可能であるということは真である(したがって、システム M と M′ はまったく同じ論理式を証明する)。

　読者は定理1の証明方法がわかるだろうか？
(ヒント―まず、X が M で証明可能ならば、BX が M′ で証明可能であることを示せ。これは、M の任意の証明 X_1, …, X_n に対して、BX_1, …, BX_n のすべての論理式が M′ で順次証明可能であることを示すことによって証明できる。)

証明の詳細　三段論法は M′ の規則であり、すべての恒真式は M′ の公理であるので、M′ はもちろん1型である。また、以下の3つの条件が M′ に対して成り立つ。

　(1)　もし BX と B($X \supset Y$) が M′ で証明可能であるならば、BY もそうである。なぜなら、B($X \supset Y$) $\supset$ (B$X \supset$ BY) は M′ の公理であり、M′ は1型だからである。

(2) もし BX が M' で証明可能であるならば、BBX もそうである。なぜなら、$BX \supset BBX$ は M の公理であり、M' は 1 型だからである。

(3) もし X が M の公理であるならば、BX は M' で証明可能である。なぜなら、それは M' の公理であるからである。

今、論理式の列 $X_1, \cdots, X_n$ が M の証明を構成しているものとする。証明の各列は、それより前の 2 つの列から三段論法によって得られたか、あるいはそれより前の 1 つの列から必然規則によって得られたか、あるいはそれ自身が M の公理である。上の (1), (2), (3) の事実を使えば、BX_1 は M' で証明可能であり、すると BX_2 が M' で証明可能であり、すると BX_3 が M' で証明可能であり、以下同様にして BX_n までそうであるということが導かれる。このことの検証は読者にまかせよう。

これで、もし X が M で証明可能であるならば、BX が M' で証明可能であることがわかった。したがって、もし X が M' で証明可能であるならば、BX は M' で証明可能である(なぜなら X が M' で証明可能であるならば、M でも証明可能であるからである)。ゆえに、(必然規則は最初 M' に与えられていないにもかかわらず) M' は正常であるということがわかる。すると、任意の M の証明 $X_1, \cdots, X_n$ が与えられたとき、各列 $X_1, \cdots, X_n$ それ自身が順次 M' で証明可能であるということは容易に示せる。(このことの検証は読者にまかせる。)

系 K_4 と K_4' で証明可能な論理式は同じである。G と G' で証明可能な論理式は同じである。

以下の定理とその系は、同様な議論によって証明できる。

定理1 $\overline{K_4}$ のすべての公理が証明可能であり、三段論法と必然規則だけを推論規則とするような任意の様相文システム $\overline{M}$ に対して、$\overline{M}$ で証明可能な文と $\overline{M'}$ で証明可能な文とは同じである。

系 $\overline{K_4}$ で証明可能な文は $\overline{K_4'}$ のそれと同じである。$\overline{G}$ で証明可能な文は $\overline{G'}$ のそれと同じである。

もちろん上の系は問題1と2に対する肯定的な答である。

定理1の系から、様相システムK_4とGは、三段論法だけを推論規則とするシステムを使えば公理化されることがわかる。

第29章　おかしな推論者たち

準G型の推論者

　ある推論者が次のようであるとき**準G型**であるということにする。すなわち、G型のすべての推論者によって信じられているすべての文を彼が信じていて(あるいは、同じことだが彼が様相システム $\overline{G}$ で証明可能なすべての文を信じていて)、しかも彼の信念が三段論法に関して閉じているとき、彼は準G型であるという。G型の推論者であることとの違いは、彼は正常ではないかもしれないということである。

　これから証明するように、G型の推論者とは違って準G型の推論者は自分の整合性を失わずに自分が整合であることを信じることができる。しかしそうすると、彼は他の欠陥をかかえこむことになる。彼は正常ではいられないのだ！

　このことについてより詳細に見ていくことにしよう。

1

　自分が整合であると信じている整合な準G型の推論者に関して、その推論者が信じているが、自分が信じていることを知りえない(！)ような命題 p を

見つけよ。

2

すべての正常でない推論者は、少なくとも1つの真である命題を信じることに失敗する。なぜなら、ある命題 p があって彼は p を信じるとして、(それゆえ) Bp が真であるにもかかわらず Bp を信じられないからである。したがって、彼は真である命題 Bp を信じることに失敗する。

すると前の問題から、自分が整合であると信じている任意の整合な準G型の推論者に関して、彼が信じることに失敗するような真である命題が、少なくとも1つはなければならないということが導かれる。

もっと驚くべきことは、少なくとも1つの偽の命題を彼が信じなければならないということである!

どんな偽の命題を彼は信じなければならないのだろうか?

練習問題1 次のことの真偽を述べよ。

すべての正常でない1型の推論者は整合である。

練習問題2 次のことの真偽を述べよ。

$\overline{K_4}$ のすべての公理を信じる、すべての正常でない1型の推論者は少なくとも1つの偽の命題を信じなければならない。

G* 型の推論者

これから見ていくように、準G型の推論者は、必ずしも不整合になることなく自己の整合性を信じることができるだけではない。不整合にならずに自己の**正確性**を信じることさえできるのだ。

G* 型の推論者とは、準G型であって、$BX \supset X$ の形のすべての文を信じている(自己の正確性を信じている)ような推論者を意味することにする。他の言葉でいえば、G* 型の推論者は、$\overline{G}$ で証明可能なすべての文と、(彼は自分の正確性を信じるから) $BX \supset X$ の形のすべての文を信じる1型の推論者である。

このような推論者は、もちろん文 $B\bot\supset\bot$ も信じなければならず、準 G 型であることから、問題 1 と 2 の解の中ですでに証明したことが彼に対しても成り立つ。このことから定理 1 を得る。

定理 1 任意の整合な G* 型の推論者に関して、

(a) 彼は自分が整合であると信じるが、自分が整合であると信じていることをけっして知ることができない。

(b) 彼は偽である命題 $B\sim B\bot\supset BB\sim B\bot$ もまた信じる(すなわち、「もし私が自分は整合であると信じているならば、私は自分が整合であると信じているということを信じるだろう」という誤った信念をもつ。)

文 $B\sim B\bot\supset BB\sim B\bot$ は整合な G* 型の推論者において偽であるということを読者は思いだしてほしい。$B\sim B\bot$(彼は自分が整合であると信じる)は真であるが $BB\sim B\bot$ は偽である(つまり彼は自分が整合であると信じるということを信じない)からである。

もちろん定理 1 から任意の G* 型の推論者は、少なくとも 1 つ誤った信念をもたなければならないということが導かれる。なぜなら、もし彼が整合ならば、(定理 1 によって)そうであるし、もし彼が不整合であれば(彼はあらゆることを信じるから)、やはりそうだからである!

G* 型の最小の推論者 様相システム G* とは、その公理が G で証明可能なすべての論理式と $BX\supset X$ の形のすべての論理式であり、その推論規則が三段論法だけであるようなシステムである。$\overline{G^*}$ をその公理が文に制限されているシステム G* であるとしよう。つまり、$\overline{G^*}$ の公理は $\overline{G}$ で証明可能なすべての文に $BX\supset X$ の形のすべての文を加えたものである。$\overline{G^*}$ の推論規則は三段論法だけである。(第 27 章で使われたものと同様の議論によって、$\overline{G^*}$ で証明可能な文は G* で証明可能な文と同じであることを容易に示すことができる。ここで、G* 型の最小の推論者とは、$\overline{G^*}$ で、証明可能な文を、そしてそれらの文だけを信じる推論者を意味することにしよう。すべての G* 型の推論者

は、$\overline{G^*}$で証明可能なすべての文を信じなければならないということは容易に示せる。(「信じる」について、ここではもちろん自己中心的解釈をするのである。) それゆえ推論者は、彼がすべてのG^*型の推論者によって信じられている文を、そしてそれらの文だけを信じるならば、そしてそのときにかぎり、G^*型の最小の推論者なのである。

すべてのG^*型の推論者は、少なくとも1つの誤った信念をもつので、G^*型の最小の推論者においても同じことがいえる。ゆえに、$\overline{G^*}$で証明可能であって、かつ$\overline{G^*}$において("B"が$\overline{G^*}$での証明可能性として解釈されているときに)偽である文が少なくとも1つ存在する。このことから定理2を得る。

定理2 様相システム$\overline{G^*}$は自己言及的に正しくはない。

定理2から、読者がシステム$\overline{G^*}$はいったい何の役に立つのかと不思議に思っても当然かもしれない。ところで、$\overline{G^*}$において偽であるような$\overline{G^*}$で証明可能な文が存在するからというだけでは、$\overline{G^*}$の証明可能な文がすべて真になるような"B"の解釈がほかにはないということにはならないのである。では、それ以外の解釈があるのだろうか? それがあるのである。しかも、それは重要なものである。

定理3 $\overline{G^*}$で証明可能なすべての文は、様相システム$\overline{G}$において真である。

これが意味することは、$\overline{G^*}$で証明可能なすべての文は、もし"B"が$\overline{G^*}$でではなく、$\overline{G}$での証明可能性として解釈されているならば、真であるということである。

3

定理3を証明せよ。

定理4は定理3のやさしい系である。

定理4 システム$\overline{G^*}$は整合である。

4

なぜ定理4は定理3の系なのだろうか?

定理4はもちろん、G^*型の任意の最小の推論者は整合であるということを含意している。したがって、G^*型の最小の推論者は整合で、彼は自分が整合であることを信じるが、(定理1によって)自分が整合であると信じるということをけっして信じることができない。かわりに様相システム$\overline{G^*}$を使って述べると次のようになる。それは整合で、自己の整合性を証明することができるが、自己の整合性を証明できるということを証明することはけっしてできない! さらに、様相システム$\overline{G^*}$は正常でもない。

$\overline{G}$における$\overline{G^*}$の完全性 証明は残念ながら本書の範囲を越えてしまうが、より進んだ結果を述べておこう。

2つの様相システムM_1とM_2が与えられたとき、M_1がM_2において正しいということの定義は、M_1で証明可能なすべての文がM_2において真であるということである。ここで、M_2において真であるすべての文が実はM_1で証明可能であるとき、M_1はM_2において**完全**であるということにしよう。

定理3は、様相システム$\overline{G^*}$が様相システム$\overline{G}$において正しいということをいっている。さて、$\overline{G^*}$はたまたま$\overline{G}$において完全でもある。すなわち、$\overline{G}$において真であるすべての文が、$\overline{G^*}$で証明可能である。つまり、$\overline{G^*}$の証明可能な文はまさに$\overline{G}$において真であるような文である。したがって、ある文は、すべてのG型の推論者において真であるならば、そしてそのときにかぎり、$\overline{G^*}$で証明可能である。

Q型の推論者(奇妙な推論者)

奇妙な推論者(あるいは**Q型の推論者**)とは、自分が不整合であることを信じるG型の推論者を意味することにしよう。奇妙な推論者は整合でありうるだろうか? そうだということはまもなくわかる! もちろん、すべての奇妙な推論者は正常である。

様相システム$\overline{Q}$とは、様相システム$\overline{G}$に文$B\bot$が公理として加えられた

ものを意味することにしよう。また、Q 型の最小の推論者とは、様相システム $\overline{Q}$ で証明可能な文、それらだけを信じる推論者、あるいは同じことだが、すべての Q 型の推論者によって信じられているすべての文、それらだけを信じる推論者を意味することにしよう。

定理 5 様相システム $\overline{Q}$ は自己言及的に正しくはないが、整合である。

5

定理 5 を証明せよ。

もちろん定理 5 から、自分はそうでないと信じているにもかかわらず、任意の Q 型の最小の推論者は整合であることが導かれる！

比較 G, G*, Q 型の最小の推論者を比較することはおもしろく、かつ有益である。

(1) G 型の最小の推論者は整合だが、そのことをけっして知ることはできない。

(2) G* 型の最小の推論者は整合で、自分は整合であると信じているが、自分は整合であると信じているということはけっして知ることができない。

(3) Q 型の最小の推論者は自分は不整合であると信じているが、彼は誤っている (実際は、彼は整合である)。

解答

1. そのような命題 p の 1 つは、その推論者は整合であるというものである！
　これから、彼は $\sim B\bot$ を信じるということが与えられていて、もし彼が整合であるならば、彼は $B\sim B\bot$ を信じることができないということを示そう。さて、彼は $\overline{G}$ で証明可能なすべての文を信じるので、すべての恒真式を信じるはずであり、その信念は三段論法に関して閉じているので、彼は 1 型のはずである。彼は $\sim B\bot$ を信じるから $B\bot \supset \bot$ も信じる。もし彼が $B\sim B\bot$ を信じ

るならば、B(B⊥⊃⊥)を信じるだろう。それにもかかわらず、彼はB(B⊥⊃⊥)⊃B⊥を信じるのである（なぜなら、彼はGで証明可能なすべての文を信じるから）。このことから、彼はB(B⊥⊃⊥)とB(B⊥⊃⊥)⊃B⊥を信じる。ゆえに、彼はB⊥を信じるだろう。しかし、彼は〜B⊥を信じるので不整合になる。

このことは、もし彼がB〜B⊥を信じるならば彼は不整合になるということを証明している。しかし、彼は整合であるとされているので、彼はB〜B⊥を（たとえB〜B⊥が真であっても）けっして信じることができない。

2． B〜B⊥は真である。しかし、彼はそのことを信じないので、BB〜B⊥は偽である。ゆえにB〜B⊥⊃BB〜B⊥は偽である。しかし彼はこの文を信じなければならない（なぜなら、これは$X = $〜B⊥とすればBX⊃BBXの形であるゆえに、これは$\overline{G}$の公理である）。したがって、彼は偽の文B〜B⊥⊃BB〜B⊥を信じる。（彼は、「もし、私が自分は整合であると信じるならば、私は自分が整合であると信じるということを信じるだろう」と誤って信じるのである。この信念が誤っているのは、実は彼は自分が整合であると信じているが、自分は整合であると信じているということを信じないからである。）

ついでにいうと、同じ議論によって、$\overline{K_4}$で証明可能なすべての文を信じる任意の正常でない推論者は、少なくとも1つの誤った信念をもたなければならない。ある文pがあって、彼はpを信じているとすると、Bpは信じない、だからBp⊃BBpは（そのような推論者において）偽である。それでもそれは$\overline{K_4}$の公理であり、それゆえこの推論者はそれを信じる。これは練習問題2の答となる。

練習問題1 それは真である！ もし彼が不整合で1型ならば、彼はすべての命題を信じるだろう、ゆえにpを命題としたとき、彼がpを信じ、しかもBpを信じないというような命題pは存在しない（なぜなら彼はどんなことでも信じるので、彼はpとBpをともに信じるからである）。

それゆえ、すべての不整合な1型の推論者は正常でなければならない。あるいは反対に、すべての正常でない1型の推論者は整合である。

3. $\overline{G}$ が自己言及的に正しいことは第 27 章で示した。ゆえに、

(1) $\overline{G}$ で証明可能なすべての文は $\overline{G}$ において真である。

また、

(2) $BX \supset X$ の形のすべての文は $\overline{G}$ において真である。

(2)の理由は、以下のとおりである。もし BX が $\overline{G}$ において真ならば、X は $\overline{G}$ で証明可能であり(これは、BX が $\overline{G}$ において真であるということの意味である)、それゆえ、($\overline{G}$ は自己言及的に正しいので)X は $\overline{G}$ において真でなければならない。つまり、もし BX が $\overline{G}$ において真ならば X もそうである(これは $BX \supset X$ が $\overline{G}$ において真であることを意味している)。

(1) と (2) によって、$\overline{G^*}$ のどの公理も $\overline{G}$ において真である。$\overline{G^*}$ の推論規則は三段論法だけなので、また $\overline{G}$ において真である文の集合は三段論法に関して閉じている(もし X と $X \supset Y$ が $\overline{G}$ において真ならば、Y は $\overline{G}$ において明らかに真である)ので、$\overline{G^*}$ で証明可能なすべての文は $\overline{G}$ において真でなければならないことがわかる。ゆえにシステム $\overline{G^*}$ は $\overline{G}$ において正しい。

4. $\overline{G^*}$ は $\overline{G}$ において正しいので、もし ⊥ が $\overline{G^*}$ で証明可能であれば、それは $\overline{G}$ において真であるが、これは不合理である。それゆえ ⊥ は $\overline{G^*}$ で証明可能ではなく、したがって $\overline{G^*}$ は(自己言及的に正しくないにもかかわらず)整合である。

5. システム $\overline{Q}$ は G 型である。それゆえ第 27 章の補題 B の (c) (245 ページ)によって、$\overline{G}$ のすべての公理は $\overline{Q}$ において真である。

いま、文 B⊥ が $\overline{Q}$ において真であると仮定してみよう。すると、以下のようにして矛盾を導くことになる。もし B⊥ が $\overline{Q}$ において真であるならば、その他のすべての $\overline{Q}$ の公理(すなわち $\overline{G}$ の公理)は $\overline{G}$ において真であるので、$\overline{Q}$ のすべての公理は $\overline{G}$ において真であるということになるだろう。すると第 27 章の補題 A の系 A_1 (244 ページ)によって、システム $\overline{Q}$ は自己言及的に正しいということになる。したがって、もし B⊥ が $\overline{Q}$ において真ならば、$\overline{Q}$

は自己言及的に正しい。一方、B⊥が $\overline{Q}$ において真であるということは、⊥が $\overline{Q}$ において証明可能であるということであるが、⊥は $\overline{Q}$ において明らかに偽であるので、これは $\overline{Q}$ が自己言及的に正しくはないということを意味している。それゆえ、B⊥が $\overline{Q}$ において真であると仮定することは矛盾している。ゆえに、B⊥は $\overline{Q}$ において偽である。これは⊥は $\overline{Q}$ で証明可能ではないということを意味しており、したがって $\overline{Q}$ は整合でなければならない！ しかし、同時にB⊥は $\overline{Q}$ の公理であり、ゆえに、もちろん $\overline{Q}$ で証明可能である。また、これは $\overline{Q}$ において偽なので、$\overline{Q}$ は自己言及的に正しくはない。したがって、$\overline{Q}$ は整合だが自己言及的に正しくはないということがわかる。

第30章　全篇をふり返って

　本書では自分について考える推論者から考察を始めて、様相論理の迷宮に辿りついた。この過程において学習してきた、いくつかの主要な事項をまとめておこう。

1. 1型の正確なゲーデル的システムは自己の正確性を証明することができない。すなわち、$BX \supset X$ の形の命題をすべては証明できない。

2. 自己の正確性を証明できる任意の1型のゲーデル的システムは不正確であるばかりか、異常(すなわち、ある命題 p があって、p と $\sim Bp$ がともに証明可能)でもある。

3. 自己の異常のなさを証明できる任意の1*型のゲーデル的システムは異常である。

4. (ゲーデルの第1不完全性定理による。) 任意の正常で安定で整合な1型のゲーデル的システムは不完全でなければならない。よりくわしくいうと、もしSが1型の正常なシステムで、p を $p \equiv \sim Bp$ がSで証明可能であるような命題であるとすると、

(a) もしSが整合であるならば、pはSで証明可能ではない。

(b) もしSが整合かつ安定であるならば、～pもSで証明可能ではない。

5.(ゲーデルの第2定理による。) 自己の整合性を証明できる整合な4型のゲーデル的システムは存在しない。

6.4型のゲーデル的システムは、もしそれが整合であれば、それは自己の整合性を証明できないということさえ証明することができる。すなわち、命題～B⊥⊃～B(～B⊥)を証明できる。

7.(レーブによる。)もし、Sが反射的な4型のシステムであるならば、そのシステムの任意の命題pに対して、Bp⊃pがそのシステムで証明可能ならば、pもそうである。

8.4型のシステムはG型であるなら、そしてそのときにかぎり反射的である。

9.4型のシステムはG型であるなら、そしてそのときにかぎりレーブ的である。

10.(クリプキ、デジョン、サンビンによる。) B(BX⊃X)⊃BX の形の任意の命題が証明可能であるような3型の任意のシステムは、4型(ゆえにG型)でなければならない。

11.G型の整合なシステムは、～BX の形の任意の命題を証明できない。その特別な場合として、自己の整合性(～B⊥)を証明することができない。

12.G型の整合かつ安定なシステムは、自己の整合性と自己の不整合性のどちらも証明することができない。

13. (意味論的健全性定理) 任意の様相論理式 X に関して、もし X が K で証明可能であるならば、それはすべてのクリプキ・モデルで成り立つ。もしそれが K_4 で証明可能ならば、それはすべての推移的モデルで成り立つ。もしそれが G で証明可能ならば、それはすべての推移的終端的モデルで成り立つ。

14. 整合で安定な G 型のシステムが存在する。たとえば、ファーガソンとクレイグの機械、また様相システム $\overline{G}$ がそうである。これらのシステムは、整合ではあるが、自己の整合性を証明することはできない。

15. 様相システム $\overline{K}$, $\overline{K_4}$ および $\overline{G}$ は、整合かつ安定であるだけでなく、自己言及的に正しくもある。システム K, K_4 および G に対しても、同じことがいえる。

16. システム $\overline{G^*}$, $\overline{Q}$ はどちらも自己言及的に正しくはないが、ともに整合である。システム $\overline{Q}$ は正常だが、システム $\overline{G^*}$ はそうではない。

17. (a) G 型の最小の推論者は整合であるが、そのことをけっして知ることができない。

(b) G* 型の最小の推論者は整合であり、そして自分が整合であることを信じているが、彼は自分が整合であると信じているということをけっして知ることができない。

(c) Q 型の最小の推論者は、自分が不整合であると信じているが、実際には整合である。

この辺でやめておくのが適当であろう。様相システム G についてはまだたくさんの魅惑的なことがある。包括的な参考書で入手可能なもののうち、最良のものは、ブーロスの *The Unprovability of Consistency* である。私はこれを、本書を補うものとしてとくに推薦する。読者の食欲をそそるような美しい成果を1つあげておこう。不動点定理である。(証明は今あげた本の中で見ることができる。)

命題変数を1つだけもつ様相論理式を考える。変数を文字pで表わし、この論理式を$A(p)$と書くことにしよう。任意の様相文Sに対して、$A(S)$は$A(p)$におけるpの出現をすべてSで置きかえたものを意味することにする。たとえば、もし$A(p)$が論理式$p \supset Bp$ならば、$A(S)$は文$BS \supset S$である。文Sは、文$S \equiv A(S)$がGで証明可能であるとき、$A(p)$の**不動点**と呼ばれる。第19章の問題4で、読者に、任意のG型の推論者が$p \equiv \sim Bp$を信じるような命題pを見つけることを問い、$\sim B\bot$がその解であることを見つけたのであった。このように、すべてのG型の推論者は$\sim B\bot \equiv \sim B \sim B\bot$を信じる。ゆえに、この文は$G$で証明可能である。これは、$\sim B\bot$は論理式$\sim Bp$の不動点であることを意味している。論理式$B \sim p$も不動点をもっていて、それが$B\bot$であることは第19章の問題5の解として見つけたとおりである。論理式$Bp \supset B\bot$が不動点(具体的には$BB\bot \supset B\bot$)をもつことを示すことは、読者にとって手ごろな練習問題となろう。

どんな論理式$A(p)$でも不動点をもつというわけではない。たとえば$\sim p$はそうでない(さもなければ、システムGは不整合になってしまうが、そうでないことはすでにわかっている)。すべてのpの出現が、論理式$A(p)$の部分のうちBXの形(ただしXは論理式)のところにあるとき、論理式$A(p)$はpについて**様相化されている**という。(例——$Bp \supset BBp$はpについて様相化されている。$Bp \supset p$は違うが、$B(Bp \supset p)$はそうである。)論理学者クラウディオ・ベルナルディとC・スモリンスキ(C. Smorynski)は独立に、pについて様相化されている任意の論理式$A(p)$は不動点Sをもつことを証明している。すなわち、論理式$B(p \equiv A(p)) \supset B(p \equiv S)$は$G$で証明可能である。この結果はベルナルディ・スモレンスキの不動点定理として知られている。

不動点は注目に値するものである。システムGの自己言及的正しさから、論理式$A(p)$の不動点Sは、$A(S)$が証明可能ならば、そしてそのときにかぎりGで証明可能であるばかりでなく、$A(S)$が真であるならば、そしてそのときにかぎり(Gにおいて)真である。なぜなら、$S \equiv A(S)$の証明可能性は、それが真であることを含意しているからである。$A(S)$が(Gにおいて)真であるとき、論理式$A(p)$は文Sに**適合する**ということにしよう。すると、ある論理式の不動点とは、その論理式は自分自身に適合すると主張する文である

と考えることができる。

　より一般的に、p と q 以外に命題変数をもたない論理式 $A(p, q)$ を考えてみよう。任意の論理式 X に対して、$A(X, q)$ は、$A(p, q)$ の p を X で置きかえた結果を意味する。$A(p, q)$ の不動点とは、論理式 $H \equiv A(H, q)$ が G で証明可能な、q 以外に変数をもたない論理式 H のことである。論理学者 D. H. J. デジョンおよびジョバンニ・サンビンは、もし $A(p, q)$ が、p について様相化されるならば(必ずしも q についてはそうでなくても)、$A(p, q)$ は不動点 H をもっていることを証明している。すなわち、論理式 B($p \equiv A(p, q)$) ⊃B($p \equiv H$) は G で証明可能である。

　その例はすでに第 19 章でおなじみのものである。第 19 章の問題 6 から、Bq は B($p \supset q$) の不動点で、問題 7 から B$q \supset q$ は B$p \supset q$ の不動点である。実のところ、反射的であることは B$p \supset q$ の不動点が存在することと同値である。注目すべきことは、4 型の様相システムにおいて、1 つの論理式 B$p \supset q$ の不動点の存在が、p について様相化されているすべての論理式 $A(p, q)$ の不動点の存在を十分に保証するということである。この証明もブーロスの著作の中にある。

おわりに

　これらの興味深い様相システムについて、読者にいくらかでも理解していただけただろうか。私たちは、自然界の知的存在(人類や他の動物)および人工的な知的機構(たとえば、コンピュータ)の推論プロセスに対するのと同様に、内的(自己言及的)にもそして外的(他の数理システムにおける証明可能性に適用するなど)にも様相システムを解釈することができるということを見てきた。これが心理学の分野でどんな応用ができるかということは、もっと調べてみる価値があると思われる。

　幸いにも、歴史的には純粋に哲学的興味から発生した様相論理学の分野は、今日では、証明論やコンピュータ・サイエンスにおいてたいへん重要になってきている。これは、ゲーデルおよびレーブの定理、さらに、その後の様相理論的な観点から証明論を見てきた人たちの仕事のおかげなのである。そし

て、以前は様相論理の重要性について悲観的な見方しかもたなかった哲学者たちでさえ、今ではその数学的重要性を無視できなくなっている。

　様相論理に対するこれまでの哲学的反論は、おおむね3つのまったく異なる(そして相いれない)信念に立脚している。1つは、真であることはみな必然的に真であり、ゆえに真であることと必然的に真であることとのあいだには違いがないという信念である。2つめは、必然的に真であることなどなく、ゆえに任意の命題pに対して命題Np(pは必然的に真である)はただたんに偽である(！)という信念である。そして3つめは、「必然的に真」という言葉は何の意味ももたらさないという信念である。したがって、これらいずれのタイプの哲学的立場も様相論理学を排除してきた。実際、ある有名な哲学者は、「現代の様相論理学者たちは悪魔に魂を売り渡してしまっている」と言ったそうである。これに対して、ブーロスは適切な回答をしている。「もし、現代の様相論理学者たちが悪魔に魂を売り渡してしまっているとしても、それはゲーデル性(Gödliness)によってつぐなわれているのだ！」

訳者あとがき

　本書はレイモンド・スマリヤン（Raymond Smullyan）著 FOREVER UNDECIDED: A PUZZLE GUIDE TO GÖDEL (Alfred A. Knopf, Inc., New York, 1987)の全訳である。

　著者のスマリヤンは有名な論理学者で、現在インディアナ大学哲学科の教授であり、ニューヨーク市立大学の名誉教授でもある。論理学のすぐれた学術書も2冊著しているが、多くの一般の読者には、スマリヤンはパズルを用いた楽しい数学・論理学の入門書の著者として知られている。「現代のルイス・キャロル」とも呼ばれている著者の活躍を示すこれらの本のうち、WHAT IS THE NAME OF THIS BOOK?（『この本の名は』産学社　絶版）と ALICE IN PUZZLE-LAND（『パズルランドのアリス』社会思想社）は日本語に訳されている。また、老子の思想をわかりやすく解説した THE TAO IS SILENT（『タオは笑っている』工作舎　絶版）という著作もある。多芸多才の著者は、音楽の先生をしたり、奇術で生計を立てていたこともあったそうだ。

　本書では、ゲーデルの不完全性定理をめぐるたくさんの論理学の複雑な問題を、わかりやすい例題を用いて巧みに解説している。挿絵もまったくなく、ただひたすら文字と論理記号が並ぶこの本は、一見すると（とくに後半の部分は）ひじょうに難解でつまらなそうに思えてしまうが、読み始めてみると、面白くてどんどん読み進めてしまう（とくに、導入部の面白さは秀逸である）。そして読み終えてみると、不完全性定理ばかりでなく、様相論理や可能世界意味論（それは、人工知能における自然言語の意味論にも通じる）なども、いつのまにか理解できてしまうのである！

　不完全性定理を武器に論理の不要性を主張する人たちがいる。たとえば、

人間の信念のシステムを論理を使ってモデル化しようという試み(それは、人工知能における伝統的なアプローチである)に対して、論理は不完全だからそんなものは役に立たない、という批判がある。しかし、これはまったくナンセンスな意見である。論理が不完全なのは、自己言及的な文(たとえば、「この文は証明できない」)が与えられたときに、その真偽性を決定(証明)できないことであって、そもそも人間の信念がそのような文を正しく受けいれられるということも疑問なのだから。さらに、論理が自分自身の整合性(矛盾がないこと)を知ることができないということも、論理が役に立たないという理由にはならない。それと論理が不整合であることとはまったく別のことであるからである。人間は自分の信念が論理的に一貫しているなどということを、はたして知ることができるのだろうか？

　様相論理に対して、まず最初に疑問に感じることの一つに、必然性の概念がある。ある文が必然的に真であるとは、いったいどういうことなのだろうか？　この疑問に本書はひじょうにすっきりと答えてくれる。必然性を、推論者が信じるということ、あるいは数理システムで証明可能であること、と置き換えることによって、「必然的に真であること」とたんに「真であること」の違いが、直観的にわかるようになっている。また、本書ではあまり述べられていないが、文が「可能的に真である」ということを、ある人が、その文が「まちがっているとは信じていない」ことであると考えると、「可能的に真である」文を使って推論をするという、いわゆる(人工知能における)デフォールト推論の意味がわかってくる。このように、一般に抽象的な議論である論理の問題も、さまざまな解釈を与えることによって、いったいこの議論が何を言っているのか、あるいは何が言いたいのかが、具体的に理解できるのである。

　翻訳にあたって注意した点について、いくつか挙げておく。

　まず、論理式の表記についてである。論理記号(論理的結合子)については、一般に広く使われているものというより、原書で使われているものを採用した。たとえば、連言(「かつ」)は∧ではなく&であり、否定(「でない」)は￢ではなく~である。これは、どんな記号を用いるかはある程度趣味の問題なので、原著者の意向を尊重したためである。また、一見して違いがわかるよう

に、命題記号（p, q, x, y など）は斜体で様相記号（BやNなど）は立体で表わすようにしたので、読者が論理式の認識にかける努力を、少しでもその解釈の方に向けられるようになっていれば幸いである。

　専門用語の訳については、広く使われているものをできるだけ用いるようにした。ただし、第6章で使われている「三段論法」という言葉と、その他の章で使われているそれとは、若干意味が異なる（ちなみに、前者の英語は"syllogism"であり、後者のは"modus ponens"である）。前者は恒真式のひとつであり、後者は推論規則である（その意味するところが明確に異なることは、本書を読了後には、よくおわかりのこととと思う）。厳密には、"modus ponens"は三段論法と訳すべきではないかもしれないが、われわれのその言葉へのなじみの深さと、それが基本的な推論の形式を表わすのにふさわしい名前であることから、その訳を採用した。

　その他にも、原著の誤植などはできる限り訂正し、さらに巻末に索引をつけて読者の便宜をはかった。

　本書は、これから論理学を学ぼうとしている人たち、とくに理工系の大学生たちに読んでいただきたい。また、コンピュータ・サイエンスに興味のある人たちにとっても、ひじょうに有益であると思う。不完全性定理は、機械的な計算手続きをもったシステム、すなわちコンピュータの理論的限界を示しているのだから。

　最後になりましたが、本書の企画出版にお力添えくださった白揚社編集部の千葉茂隆氏、鷹尾和彦氏、本書パートⅥ, Ⅶ, Ⅸ, Ⅹ, Ⅺ の翻訳にご協力いただいた慶応義塾大学の前田敦司氏、國吉芳夫氏、山内雅彦氏に感謝します。

1990年9月　田中朋之・長尾　確

索引

ア

ある　204
安定　175
安定な機械　234
異常な推論者　88
1型のシステム　116
1*型のシステム　116
1型の推論者　75
1*型の推論者　90
1階のペアノ算術　118
意味論的健全性　212
印字可能　231
疑う　202
演繹定理　78
ω 整合　186, 187
ω 不整合　185, 187

カ

確立された　223
確立されている　203
可能世界　208
可能世界意味論　208
可能的に真　208
含意　47
完全　262
完全性定理　212
完璧な推論者　223
完璧に愚かな推論者　223
騎士と奇人の島　12
規則的な推論者　98
奇妙な推論者　262
Q型の推論者　262
強反射性　155
グッドマン恒真式　57
クリプキ意味論　202, 208
クリプキ・デジョン・サンビンの定理　166
クリプキ・モデル　211
形式的証明　215
ゲーデル数　222, 231

ゲーデル的システム　117
ゲーデル的推論者　117
決定不可能　184
謙虚さ　161
謙虚な推論者　161
恒真式　49,50
語用論的パラドックス　74
コンビネータ理論　226

サ

最小の推論者　252
3型のシステム　117
3型の推論者　96
算術　118
三段論法　52,64,215
三段論法について閉じている　64
G*型の最小の推論者　260
G型のシステム　162
G型の推論者　162
G*型の推論者　259
Gの特殊公理　216
シェファー・ストローク　63
自己言及　216,221,231
自己言及的解釈　241
自己言及的に正しい　242
自己言及の文　221
自己充足信念　123
自己充足的　123,131
自己中心的解釈　252
自信過剰な推論者　85
自然演繹　78
終端世界　212
終端的　212
準G型の推論者　258
証明可能　116,212,215
信じることを恐れる　122
真理値　48
推移的　206
推移的クリプキ・モデル　211
すべて　204
正確な機械　234

正確な推論者　84
整合　66
整合な機械　234
整合な推論者　99
正常なシステム　117
正常な推論者　96
選言　47
相対的に可能　210
存在量化子　185

タ

第1不完全性定理　183
第2不完全性定理　118
対角化原理　223
対角化公理　233
対角化論法　221
正しく信じる　77
適合する　270
到達可能　211
同値　48

ナ

2型のシステム　116
2型の推論者　95

ハ

場合分けによる証明　52
背理法　52
反射的なシステム　154
反射的な推論者　153
必然規則　215
必然的に真　201,208
否定　46
不安定　176
不完全　183
不整合　66
不整合な推論者　99
不動点　270
不動点定理　269

フレーム 211
ヘンキン文 155

マ

矛盾式 50
命題論理 45
命題論理式 215
メタパズル 32
モデルにおいて確立された 211
モデルにおいて成り立つ 211

ヤ

様相化されている 270
様相記号 B 116
様相システム S_4 213
様相システム K 209
様相システム K_4 210
様相システム G 210
様相システム G^* 260
様相文 217, 242
様相文システム 217, 243
様相論理 201, 208
様相論理式 215
4型のシステム 117
4型の推論者 96

ラ

両否定 63
レーブ的システム 154
レーブ的な推論者 161
レーブの定理 154
連言 46
ロッサー型の推論者 192
論理式 50
論理的偽 63
論理的帰結 51
論理的結合子 23, 45, 61
論理的真 63
論理的に含意 51
論理的に適格 64
論理的に同値 51
論理的に閉じている 64
論理的に偽 63
論理的に矛盾 63
論理的閉包 64

レイモンド・スマリヤン
(Raymond Smullyan)

1919年生まれ。シカゴ大学卒業後、プリンストン大学で博士号を取得。インディアナ大学名誉教授、ニューヨーク市立大学名誉教授。数学者、論理学者として知られる一方で、ピアノ演奏のCDを出したり、プロの手品師でもある。著書に『タオは笑っている』（工作舎、1991年）、『数学パズル　美女か野獣か？』（森北出版、1996年）、『ゲーデルの不完全性定理』（丸善、1996年）、『数学パズル　ものまね鳥をまねる』（森北出版、1998年）、『パズルランドのアリス1、2』（早川書房、2004年）、『天才スマリヤンのパラドックス人生』（講談社、2004年）など。

訳者紹介
田中朋之（たなか・ともゆき）
1962年生まれ。慶応大学卒業。インディアナ大学修士。カリフォルニア大学デービス校Juris Doctor。日本IBM東京基礎研究所を経て、現在は米国カリフォルニア州弁護士。専門は特許法。コンピュータサイエンス、Lisp処理系、社会問題に関する論文多数。「青色LED訴訟：米国特許法では追加報奨金はゼロだ」（『テーミス』、2005年5月）、「懲りないNYタイムズの日本叩き」（同、2006年4月）、「Politically correct racism and the Geisha novel」（米国の人種偏見をフロイト理論を用いて分析）、「Box and Cox, the Homeric Sherlock Holmes, and Joyce's Ulysses」（シャーロック・ホームズの『ユリシーズ』への影響）。以上の英語記事はネット論文誌で発表した。

長尾　確（ながお・かたし）
1962年生まれ。1985年東京工業大学工学部卒業。1987年東京工業大学大学院総合理工学研究科修士課程修了。日本アイ・ビー・エム（株）東京基礎研究所、（株）ソニーコンピュータサイエンス研究所、イリノイ大学アーバナ・シャンペーン校客員研究員、名古屋大学工学研究科助教授を経て、2002年より名古屋大学情報メディア教育センター教授。セマンティックマルチメディアと未来の乗物に関する研究に取り組んでいる。工学博士。著書に『インタラクティブな環境をつくる』（共立出版、1996年）、『エージェントテクノロジー最前線』（同、2000年）、Digital Content Annotation and Transcoding（Artech House Publishers, 2003）など。

本書は、一九九〇年小社刊『決定不能の論理パズル』の改題新装版です。

スマリヤンの決定不能の論理パズル

2008年5月30日　第1版第1刷発行

著者　レイモンド・スマリヤン
訳者　田中朋之・長尾　確
発行者　中村　浩
発行所　株式会社　白揚社　　ⓒ 1990 in Japan by Hakuyosha
　　　　〒 101-0062　東京都千代田区神田駿河台 1-7
　　　　電話 (03)5281-9772　振替口座 00130-1-25400
装幀　　岩崎　寿文
印刷所　中央印刷株式会社
製本所　株式会社　ブックアート

ISBN 978-4-8269-0142-0

◇ 白揚社好評既刊 ◇

スマリヤンの
究極の論理パズル　数の不思議からゲーデルの定理へ

レイモンド・スマリヤン著　長尾 確・長尾加寿恵訳

奇妙な論理トリック、恐怖の脅迫論理パズル、ゲーデルの不完全性定理から究極のパラドックスへ。　A5判 240ページ　本体価格2800円

スマリヤンの
無限の論理パズル　ゲーデルとカントールをめぐる難問奇問

レイモンド・スマリヤン著　長尾 確訳

現代数学の最も魅力的なトピックスを解説。パズル好き、ゲーム好きに贈る悪魔の論理パズル。　A5判 296ページ　本体価格2800円

パズル本能　なぜヒトは難問に魅かれるのか？

マーセル・ダネージ著　冨永 星訳

言葉遊びからフェルマーの定理まで、古今東西のパズルをこれまでに類のない充実度で幅広く紹介。　B6判 352ページ　本体価格2800円

想像力で解く数学　幾何の発想をきたえる

ピーター・ヒギンズ著　冨永 星訳

とびきり面白いエピソードを交え解説する、幾何学の醍醐味と数学の美しさが満載の数学ガイド。　四六判 272ページ　本体価格2500円

数学ができる人はこう考える　実践=数学的思考法

シャーマン・スタイン著　冨永 星訳

数学はこんなに面白い！　数字オンチの人でも楽しめる問題を通して理解力をグレードアップ。　四六判 272ページ　本体価格2500円

＊定価は本体価格に消費税を加えた金額になります。
＊経済情勢により価格を変更することがあります。